重庆市开州区
干旱风险区划图集

朱文钧　韩世刚　徐彦平　编著

气象出版社
China Meteorological Press

图书在版编目(CIP)数据

重庆市开州区干旱风险区划图集 / 朱文钧,韩世刚,
徐彦平编著.—北京:气象出版社,2019.10
ISBN 978-7-5029-7069-7

Ⅰ.①重… Ⅱ.①朱… ②韩… ③徐… Ⅲ.旱灾-
灾害防治-气候区划-重庆-图集 Ⅳ.①P426.616-64

中国版本图书馆 CIP 数据核字(2019)第 224644 号

Chongqing Shi Kaizhou Qu Ganhan Fengxian Quhua Tuji
重庆市开州区干旱风险区划图集

出版发行：气象出版社

地　　址：北京市海淀区中关村南大街 46 号　　邮政编码：100081
电　　话：010-68407112(总编室)　010-68408042(发行部)
网　　址：http://www.qxcbs.com　　**E－m a i l**：qxcbs@cma.gov.cn
责任编辑：颜娇珑　　　　　　　　　　　终　　审：吴晓鹏
责任校对：王丽梅　　　　　　　　　　　责任技编：赵相宁
封面设计：楠竹文化
印　　刷：北京建宏印刷有限公司
开　　本：787 mm×1092 mm　1/16　　印　　张：7.25
字　　数：170 千字
版　　次：2019 年 10 月第 1 版　　　　印　　次：2019 年 10 月第 1 次印刷
定　　价：58.00 元

☀ 序 言

开州区位于重庆市东北部,西邻四川省开江县,北接城口县和四川省宣汉县,东毗云阳县和巫溪县,南邻万州区,地势由东北向西南逐渐降低,总面积3959平方千米,户籍人口168.53万,是典型的农业大区、人口大区。开州区处于四川盆地东部温和高温区内,北部中山地带(海拔1000米以上地区),属暖温带季风气候区,气候冷凉阴湿,雨日多、雨量大、光照差、无霜期较短、霜雪较大;三里河谷平坝浅丘地带,属中亚热带温润季风气候区,气候温和,热量丰富,雨量充沛,四季分明,无霜期长。开州区年平均气温18.4 ℃,年平均降水量1260毫米。由于特殊地理位置,开州区自然灾害种类多样,暴雨洪涝、高温、伏旱、雷电、大风、冰雹、森林火险等自然灾害频发,防灾减灾形势严峻。

干旱是开州区较为常见的气象灾害,因其出现频率高、持续时间长、波及范围大,对社会经济特别是对农业生产会产生严重的影响。森林火险是森林火灾发生的可能性和蔓延难易程度的一种重要度量指标。

干旱、森林火险灾害风险区划图是根据干旱及森林火险灾害程度进行的地域划分,在对灾害条件进行深入分析的基础上进行。其基本目的是更加清晰地反映灾害的空间分布规律与地区差异,对干旱及森林火险的灾害风险进行管理,降低灾害的风险成本,对于开州区社会和谐及经济发展有重要意义。

为了有效提高开州区气象灾害防御能力,为科学有效的防灾减灾提供依据,开州区气象局特编写了《重庆市开州区干旱风险区划图集》。本书共分为3章。第1章为自然地理和气候特点,主要介绍了开州区地形地貌特征和气候特点。第2章为资料处理与风险区划技术模型,主要包括了资料处理和气象灾害危险性、承灾体暴露性、承灾体脆弱性、防灾减灾能力和灾害综合风险五个方面的技术模型。第3章为干旱风险区划,其中又分为开州区干旱风险区划和乡镇街道干旱风险区划。

本图集的编制体现了开州区不同区域气候特点,气象灾害图示化后,对气象灾害分布的时间特征和空间特征有了更清晰的表述，为气象工作和防灾减灾提供了科学依据。同时，本图集简单易懂，可以作为民众防灾减灾科普知识宣传资料，对普及开州区域气象灾害风险有重要意义。

王文芳[*]

2019 年 10 月 18 日

---

* 开州区气象局局长

☀ 目　录

1

第1章
自然地理和气候特点

1.1 地形地貌特征

开州区位于重庆市东北部,地处长江之北,在大巴山南坡与重庆平行岭谷结合地带。位于北纬30°49′30″~31°41′30″、东经107°55′48″~108°54′00″,总面积3959平方千米。西邻四川省开江县,北接城口县和四川省宣汉县,东毗云阳县和巫溪县,南邻万州区。开州区在造山运动及水流的侵蚀切割下,形成山地、丘陵、平原三种地貌类型、七个地貌单元、八级地形面。山地占63%、丘陵占31%、平原占6%,大体是"六山三丘一分坝",地势由东北向西南逐渐降低。北部属大巴山南坡的深丘中山山地,海拔多在1000米以上,最高处

图例
★   开州区政府
▢   边界

海拔高度(米)
高:2626

低:134

图 1.1.1 开州区三维地形图

1

雪宝山镇一字梁横猪槽主峰,海拔2626米。三里河谷沿岸海拔较低,最低处为南部渠口镇崇福村,海拔134米。沿河零星块状平坝,地势开阔,土层深厚。

1.2 气候特点

开州区地处中纬度地区,具有亚热带季风气候的一般特点,季节变化明显。冬暖、春早,夏季海洋性季风带来大量温暖空气,夏季雨量充沛、温湿适度。但当季风锋面停留时,则易形成初夏的梅雨天气;而当太平洋高压控制川东一带时,7月、8月出现高温少雨的伏旱天气。立体气候特点明显,因纬度引起的气温差异甚微,仅0.3～0.6℃;开州区可分为两大气候区,北部中山地带(海拔1000米以上地区)属暖温带季风气候区,气候冷凉阴湿,雨日多,雨量大,光照差,无霜期较短,霜雪较大;三里河谷平坝浅丘地带,属中亚热带温润季风气候区,气候温和,热量丰富,雨量充沛,四季分明,无霜期长,光照虽处于全国同纬度的低值区,但仍比北部中山区强,少伏旱。

第2章
资料处理与风险区划技术模型

2.1 资料处理

2.1.1 资料来源

（1）气象资料为重庆市气象信息与技术保障中心提供的 34 个国家气象站 1961—2015 年逐日气象观测资料和 2005—2015 年逐小时降水资料。

（2）地理信息数据包括美国 NASA 网站（https://www.nasa.gov/）下载的 STRM 1∶50000 的 DEM 数据，1∶250000 植被指数 NDVI，以及我国清华大学 2015 年土地利用矢量数据中 1∶250000 土地覆盖类型数据。区域范围为重庆市行政区域范围内。耕地和建筑物面积比通过处理土地覆盖类型数据得到。

（3）社会经济数据包括全市的人口、GDP（国民生产总值）等经济社会资料，来源于国家综合地球观测数据共享平台（http://www.chinageoss.org/dsp/home/index.jsp），分辨率为 1 千米×1 千米，区域范围为重庆市行政区域范围内。人口密度、地均 GDP 和人均 GDP 通过数据处理得到。

（4）地形坡度、河网密度和临河距离通过 DEM 数据处理得到。

2.1.2 数据处理

（1）标准化处理方法采用 max-min 标准化。max-min 标准化方法是对原始数据进行线性变换。设 $maxA$ 和 $minA$ 分别为属性 A 的最大值和最小值，将 A 的一个原始值 x 通过 max-min 标准化映射成在区间 $[0,1]$ 中的值 x，其公式为：

$$新数据＝（原数据－极小值）/（极大值－极小值）$$

（2）气象要素过程频次和强度统计具体方法是：统计重庆市逐年各气象台站 1 天、2 天、3 天……10 天（含 10 天以上）的气象要素过程数值（气象要素过程数值是指以气象要素连续日数划分为一个过程，一旦出现无该气象要素则认为该过程结束，并要求该过程中至少一天的数值达到或超过特定的阈值，最后将整个过程要素数值进行累加），将要素过程数值作为一个序列，建立不同时间长度的 10 个气象要素过程序列；再分别计算不同序列的第 98 百分位数、第 95 百分位数、第 90 百分位数、第 80 百分位数、第 60 百分位数的值，利用不同百分位数将气象要素强度分为 5 个等级，具体分级标准为：60%～79%位数对应的要素数值为 1 级,80%～89%位数对应的要素数值为 2 级,90%～94%位数对应的要素数值为 3 级,95%～97% 位数对应的要素数值为 4 级,大于或等于 98%位数对应的要素数值为 5 级。按照确定的各级气象要素灾害级别,分别统计 1～10 天各级气象要素强度发生次数,然后将不同时间长度的各级气象要素强度次数相加,从而得到各级气象要素强度发生次数。

2.2 风险区划技术模型

2.2.1 气象灾害危险性

2.2.1.1 干旱(春旱、夏旱、秋旱和伏旱)

干旱灾害危险性如式(2.2.1)所示:

$$Q_H = W_{H1}Q_{H1} + W_{H2}Q_{H2} \tag{2.2.1}$$

式中:Q_H 是干旱灾害危险性指数;Q_{H1} 是经过标准化处理的干旱 MCI 指数;Q_{H2} 是经过标准化处理的干旱频次指数;W_{H1} 是对应干旱 MCI 指数的权重系数;W_{H2} 是对应干旱频次指数的权重系数,且 $W_{H1}+W_{H2}=1$。

2.2.1.2 森林火险

森林火险灾害危险性如式(2.2.2)所示:

$$Q_H = W_{H1}Q_{H1} + W_{H2}Q_{H2} + W_{H3}Q_{H3} \tag{2.2.2}$$

式中:Q_H 是森林火险灾害危险性指数;Q_{H1} 是经过标准化处理的夏旱干旱指数;Q_{H2} 是经过标准化处理的夏旱频次指数;Q_{H3} 是经过标准化处理的雷电发生的频次指数;W_{H1} 是对应夏旱干旱指数的权重系数,W_{H2} 是对应夏旱频次指数的权重系数,W_{H3} 是对应雷电发生的频次指数的权重系数,且 $W_{H1}+W_{H2}+W_{H3}=1$。

2.2.2 承灾体暴露性

2.2.2.1 干旱(春旱、夏旱、秋旱和伏旱)

干旱灾害承灾体暴露性如式(2.2.3)所示:

$$Q_E = W_{E1}Q_{E1} + W_{E2}Q_{E2} + W_{E3}Q_{E3} \tag{2.2.3}$$

式中:Q_E 是干旱灾害承灾体暴露性指数;Q_{E1} 是经过标准化处理的农作物分布指数;Q_{E2} 是经过标准化处理的植被指数;Q_{E3} 是经过标准化处理的河流缓冲区指数;W_{E1} 是农作物分布指数对应的权重系数;W_{E2} 是植被指数对应的权重系数;W_{E3} 是河流缓冲区指数对应的权重系数,且 $W_{E1}+W_{E2}+W_{E3}=1$。

2.2.2.2 森林火险

森林火险灾害承灾体暴露性如式(2.2.4)所示:

$$Q_E = W_{E1}Q_{E1} + W_{E2}Q_{E2} \tag{2.2.4}$$

式中:Q_E 是森林火险灾害承灾体暴露性指数;Q_{E1} 是经过标准化处理的农作物分布指数;Q_{E2} 是经过标准化处理的植被指数;W_{E1} 是农作物分布指数对应的权重系数;W_{E2} 是植被指数对应的权重系数,且 $W_{E1}+W_{E2}=1$。

2.2.3 承灾体脆弱性

2.2.3.1 干旱(春旱、夏旱、秋旱和伏旱)

干旱灾害承灾体脆弱性如式(2.2.5)所示:

$$Q_V = W_{V1}Q_{V1} + W_{V2}Q_{V2} \tag{2.2.5}$$

式中:Q_V 是干旱灾害承灾体脆弱性指数;Q_{V1} 是经过标准化处理的人口密度;Q_{V2} 是经过标准化处理的耕地面积占土地面积比重;W_{V1} 是人口密度权重系数;W_{V2} 是耕地面积占土地面积比重权重系数,且 $W_{V1} + W_{V2} = 1$。

2.2.3.2 森林火险

森林火险灾害承灾体脆弱性如式(2.2.6)所示:

$$Q_V = W_{V1}Q_{V1} + W_{V2}Q_{V2} \tag{2.2.6}$$

式中:Q_V 是森林火险灾害承灾体脆弱性指数;Q_{V1} 是经过标准化处理的地均 GDP;Q_{V2} 是经过标准化处理的耕地面积占土地面积比重;W_{V1} 是地均 GDP 权重系数;W_{V2} 是耕地面积占土地面积比重权重系数,且 $W_{V1} + W_{V2} = 1$。

2.2.4 防灾减灾能力

2.2.4.1 干旱(春旱、夏旱、秋旱和伏旱)

干旱灾害防灾减灾能力如式(2.2.7)所示:

$$Q_P = W_{P1}Q_{P1} + W_{P2}Q_{P2} \tag{2.2.7}$$

式中:Q_P 是干旱灾害防灾减灾能力指数;Q_{P1} 是经过标准化处理的人均 GDP;Q_{P2} 是经过标准化处理的河网密度指数;W_{P1} 是人均 GDP 权重系数;W_{P2} 是河网密度指数权重系数,且 $W_{P1} + W_{P2} = 1$。

2.2.4.2 森林火险

森林火险灾害防灾减灾能力如式(2.2.8)所示:

$$Q_P = W_{P1}Q_{P1} + W_{P2}Q_{P2} \tag{2.2.8}$$

式中:Q_P 是森林火险灾害防灾减灾能力指数;Q_{P1} 是经过标准化处理的人均 GDP;Q_{P2} 是经过标准化处理的河网密度指数;W_{P1} 是人均 GDP 权重系数;W_{P2} 是河网密度指数权重系数,且 $W_{P1} + W_{P2} = 1$。

2.2.5 灾害综合风险

2.2.5.1 干旱(春旱、夏旱、秋旱和伏旱)

干旱灾害综合风险评估指数如式(2.2.9)所示:

$$FDRI = f(Q_H, Q_E, Q_V, Q_P) = Q_H^{W_H} \cdot Q_E^{W_E} \cdot Q_V^{W_V} \cdot (1 - Q_P)^{W_P} \tag{2.2.9}$$

式中:$FDRI$ 是干旱灾害风险指数;Q_H 是干旱危险性因子;Q_E 是承灾体暴露性因子;Q_V 是承灾体脆弱性因子;Q_P 是防灾减灾能力因子;W_H 是干旱危险性权重系数;W_E 是承灾体暴露性权重系数;W_V 是承灾体脆弱性权重系数;W_P 是防灾减灾能力权重系数,且 $W_H + W_E + W_V + W_P = 1$。

2.2.5.2 森林火险

森林火险灾害综合风险评估指数如式(2.2.10)所示：

$$FDRI = f(Q_H, Q_E, Q_V, Q_P) = Q_H^{W_H} \cdot Q_E^{W_E} \cdot Q_V^{W_V} \cdot (1-Q_P)^{W_P} \quad (2.2.10)$$

式中：$FDRI$ 是森林火险灾害风险指数；Q_H 是森林火险危险性因子；Q_E 是承灾体暴露性因子；Q_V 是承灾体脆弱性因子；Q_P 是防灾减灾能力因子；W_H 是森林火险危险性权重系数；W_E 是承灾体暴露性权重系数；W_V 是承灾体脆弱性权重系数；W_P 是防灾减灾能力权重系数，且 $W_H + W_E + W_V + W_P = 1$。

2.3 其他参数

表 2.3.1 气象灾害风险指数 *FDRI* 等级划分

等级	划分标准	对承灾体的影响
高风险区	$FDRI \geqslant 80\%$	有严重影响
次高风险区	$60\% \leqslant FDRI < 80\%$	有较大影响
中等风险区	$40\% \leqslant FDRI < 60\%$	有一定影响
次低风险区	$20\% \leqslant FDRI < 40\%$	稍有影响
低风险区	$FDRI < 20\%$	基本没有影响

表 2.3.2 地形高程及高程标准差的组合赋值

地形高程/米	地形标准差		
	一级(≤1)	二级(1~10)	三级(≥10)
一级(≤100)	0.9	0.8	0.7
二级(100~300)	0.8	0.7	0.6
三级(300~700)	0.7	0.6	0.5
四级(≥700)	0.6	0.5	0.4

水系因子包括河网密度和距离水体的远近。半径范围内河流的总长度作为中心格点的河流密度，半径大小使用系统缺省值。距离水体远近的影响采用缓冲区功能实现，其中河流应按照一级河流(如长江、淮河等)和二级河流(如支流和其他河流等)、湖泊水库应按照水域面积来分别考虑，可分为一级缓冲区和二级缓冲区，给予 0~1 之间适当的影响因子值，原则是一级河流和大型水体的一级缓冲区内赋值最大，二级河流和小型水体的二级缓冲区赋值最小，表 2.3.3 给出了参考值。河网密度和缓冲区影响经标准化处理后，各取权重 0.5。

表 2.3.3 河流缓冲区等级和宽度的划分标准

缓冲区宽度/千米			
一级河流		二级河流	
一级缓冲区	二级缓冲区	一级缓冲区	二级缓冲区
8	12	6	10

表 2.3.4　气象干旱综合指数等级划分标准

等级	类型	MCI、MCIA 或 MCIW	干旱影响程度
1	无旱	>-0.5	地表湿润,作物水分供应充足;地表水资源充足,能满足人们生产、生活需要
2	轻旱	$-1.0\sim-0.5$	地表空气干燥,土壤出现水分轻度不足,作物轻微缺水,叶色不正;水资源出现短缺,但对人们生产、生活影响不大
3	中旱	$-1.5\sim-1.0$	土壤表面干燥,土壤出现水分不足,作物叶片出现萎蔫现象;水资源短缺,对人们生产、生活产生影响
4	重旱	$-2.0\sim-1.5$	土壤水分持续严重不足,出现干土层,作物出现枯死现象,产量下降;河流出现断流,水资源严重不足,对人们生产、生活产生较重影响
5	特旱	$\leqslant-2.0$	土壤水分持续严重不足,出现较厚干土层,作物出现大面积枯死,产量严重下降,甚至绝收;多条河流出现断流,水资源严重不足,对人们生产、生活产生严重影响

第 3 章
干旱风险区划

3.1 开州区干旱风险区划

图 3.1.1 开州区春旱灾害风险区划图

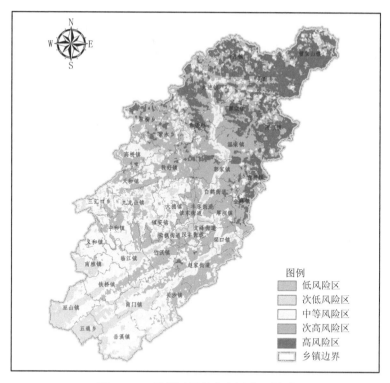

图 3.1.2 开州区夏旱灾害风险区划图

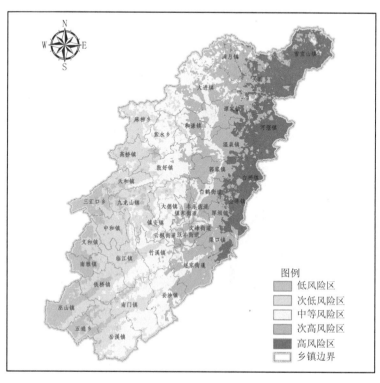

图 3.1.3 开州区秋旱灾害风险区划图

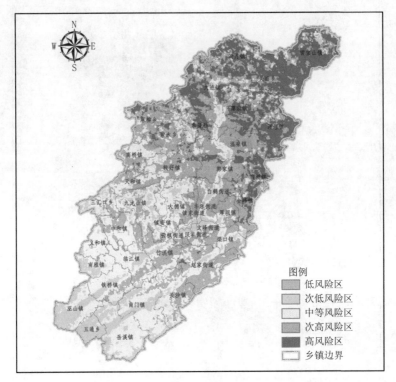

图 3.1.4   开州区伏旱灾害风险区划图

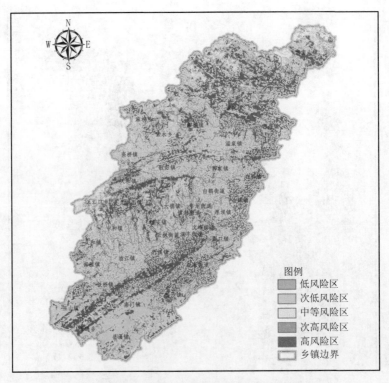

图 3.1.5   开州区森林火险灾害风险区划图

3.2　乡镇街道干旱风险区划

3.2.1　白鹤街道

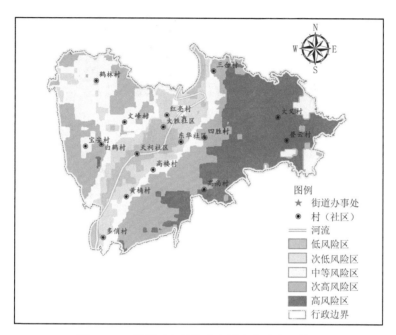

图 3.2.1　开州区白鹤街道春旱灾害风险区划图

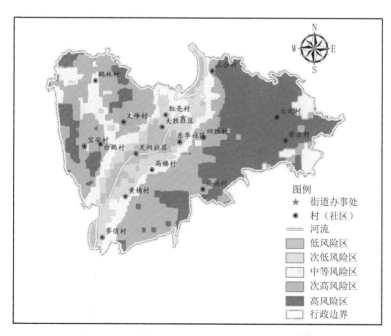

图 3.2.2　开州区白鹤街道夏旱灾害风险区划图

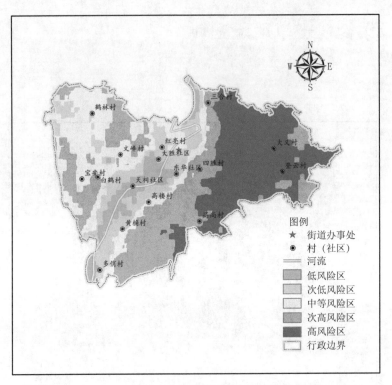

图 3.2.3　开州区白鹤街道秋旱灾害风险区划图

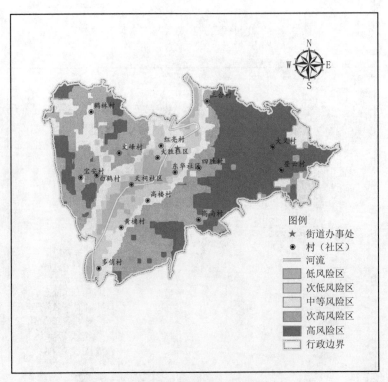

图 3.2.4　开州区白鹤街道伏旱灾害风险区划图

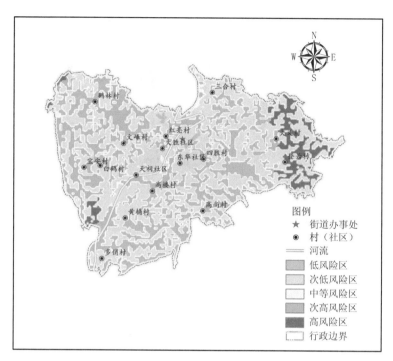

图 3.2.5 开州区白鹤街道森林火险灾害风险区划图

3.2.2 白桥镇

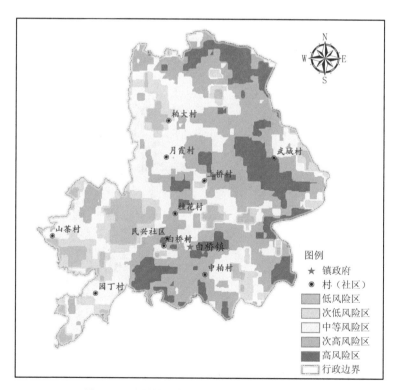

图 3.2.6 开州区白桥镇春旱灾害风险区划图

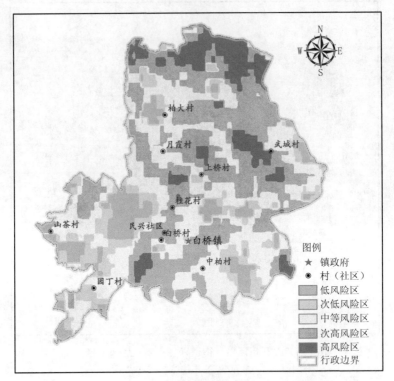

图 3.2.7 开州区白桥镇夏旱灾害风险区划图

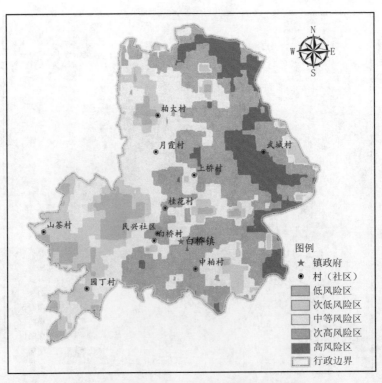

图 3.2.8 开州区白桥镇秋旱灾害风险区划图

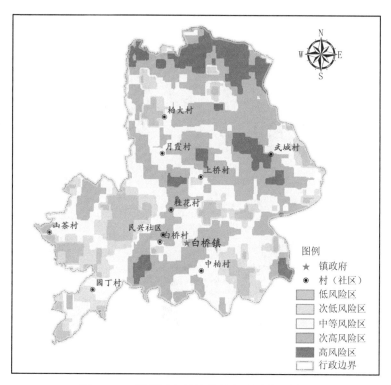

图 3.2.9 开州区白桥镇伏旱灾害风险区划图

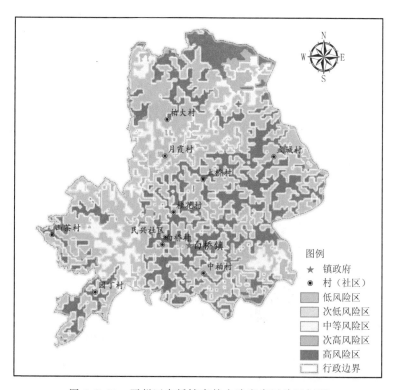

图 3.2.10 开州区白桥镇森林火险灾害风险区划图

3.2.3 大德镇

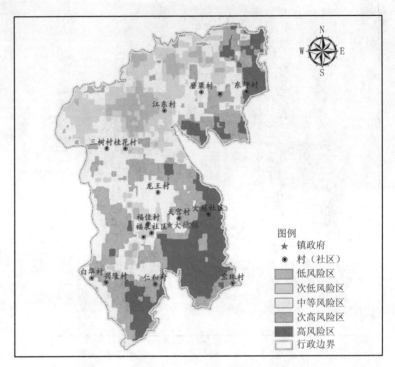

图 3.2.11 开州区大德镇春旱灾害风险区划图

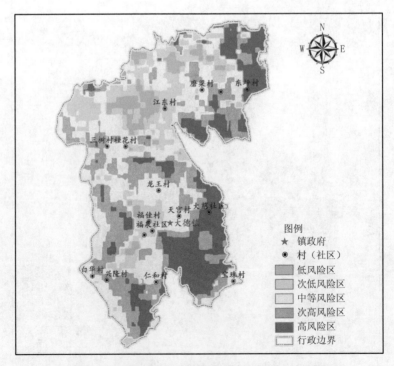

图 3.2.12 开州区大德镇夏旱灾害风险区划图

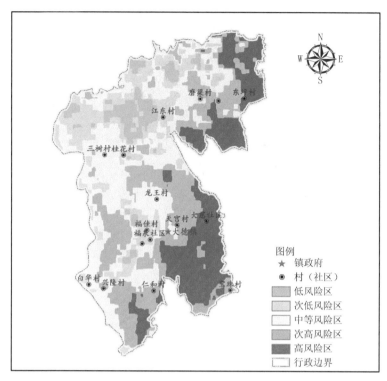

图 3.2.13 开州区大德镇秋旱灾害风险区划图

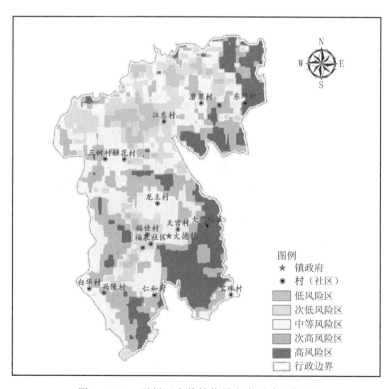

图 3.2.14 开州区大德镇伏旱灾害风险区划图

图 3.2.15 开州区大德镇森林火险灾害风险区划图

3.2.4 大进镇

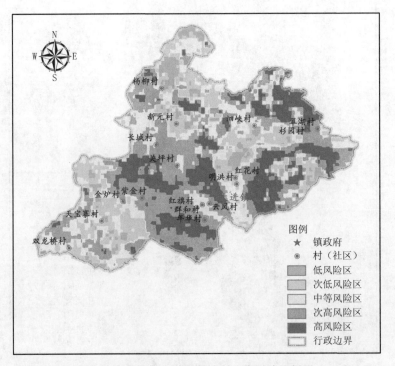

图 3.2.16 开州区大进镇春旱灾害风险区划图

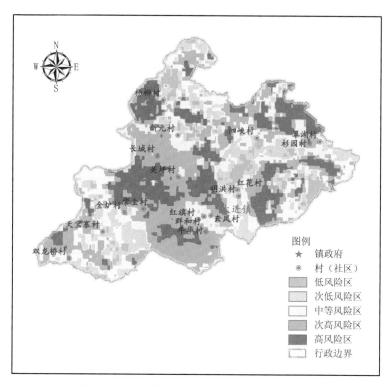

图 3.2.17 开州区大进镇夏旱灾害风险区划图

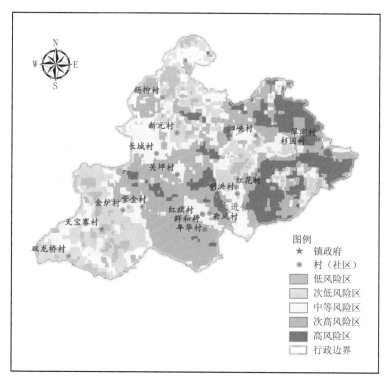

图 3.2.18 开州区大进镇秋旱灾害风险区划图

重庆市开州区干旱风险区划图集

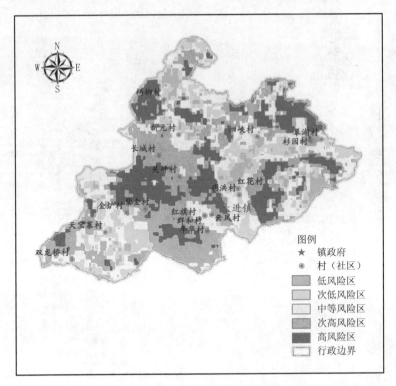

图 3.2.19　开州区大进镇伏旱灾害风险区划图

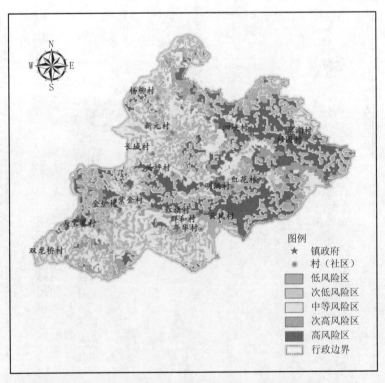

图 3.2.20　开州区大进镇森林火险灾害风险区划图

3.2.5　敦好镇

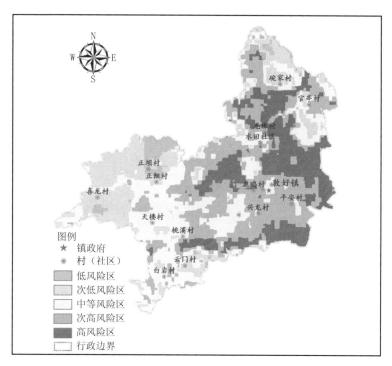

图 3.2.21　开州区敦好镇春旱灾害风险区划图

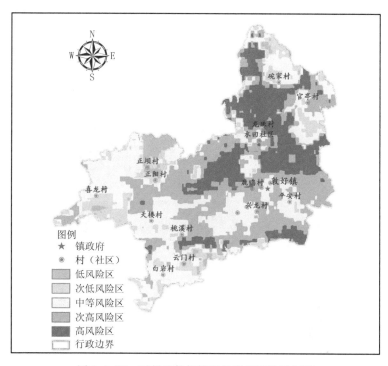

图 3.2.22　开州区敦好镇夏旱灾害风险区划图

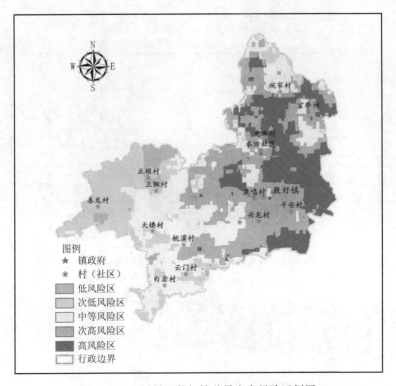

图 3.2.23 开州区敦好镇秋旱灾害风险区划图

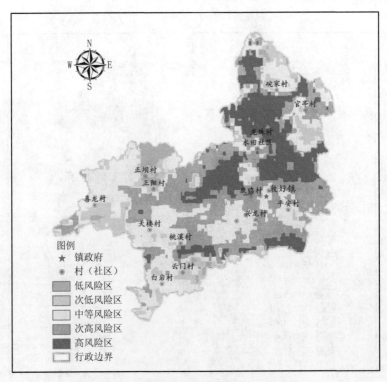

图 3.2.24 开州区敦好镇伏旱灾害风险区划图

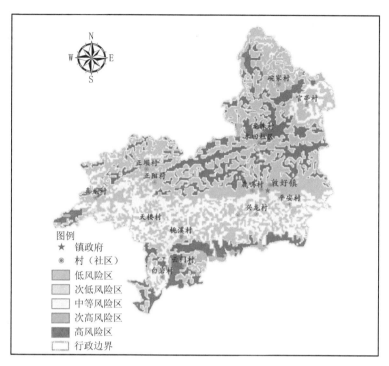

图 3.2.25 开州区敦好镇森林火险灾害风险区划图

3.2.6 丰乐街道

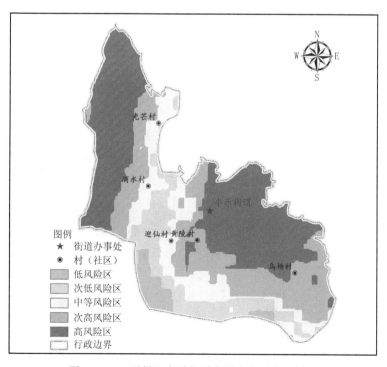

图 3.2.26 开州区丰乐街道春旱灾害风险区划图

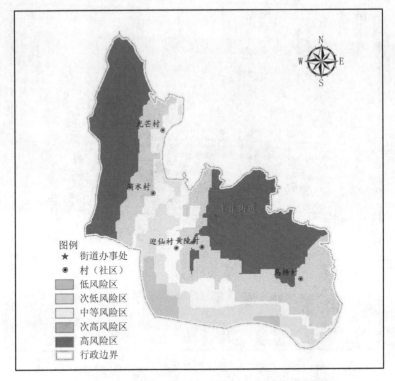

图 3.2.27　开州区丰乐街道夏旱灾害风险区划图

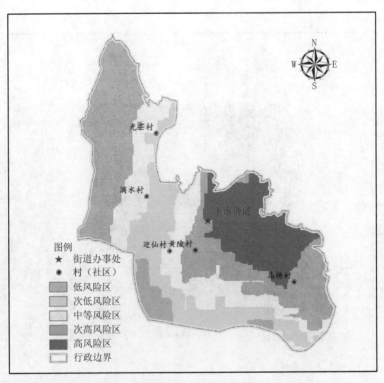

图 3.2.28　开州区丰乐街道秋旱灾害风险区划图

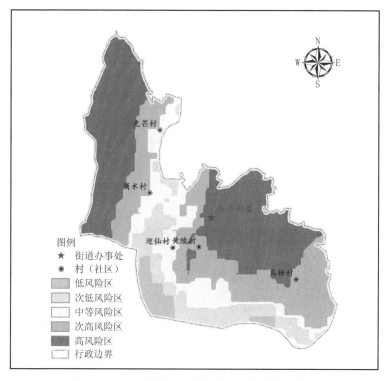

图 3.2.29　开州区丰乐街道伏旱灾害风险区划图

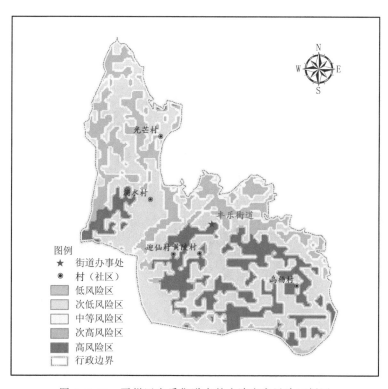

图 3.2.30　开州区丰乐街道森林火险灾害风险区划图

3.2.7 高桥镇

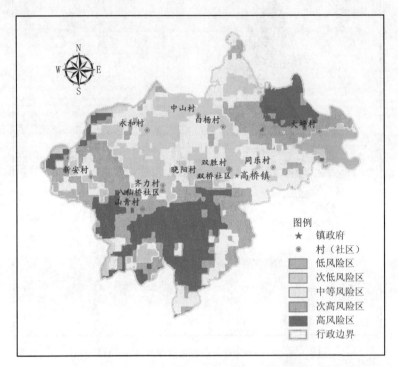

图 3.2.31 开州区高桥镇春旱灾害风险区划图

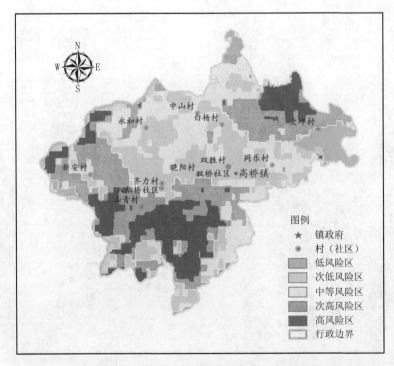

图 3.2.32 开州区高桥镇夏旱灾害风险区划图

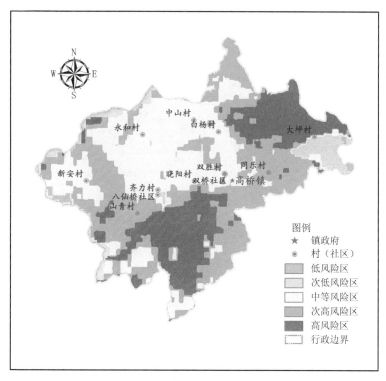

图 3.2.33　开州区高桥镇秋旱灾害风险区划图

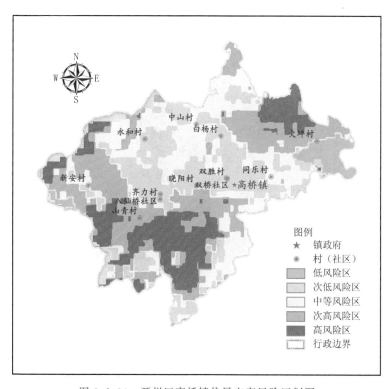

图 3.2.34　开州区高桥镇伏旱灾害风险区划图

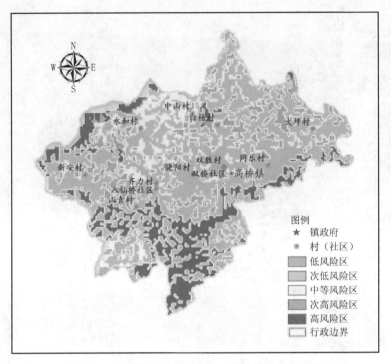

图 3.2.35 开州区高桥镇森林火险灾害风险区划图

3.2.8 关面乡

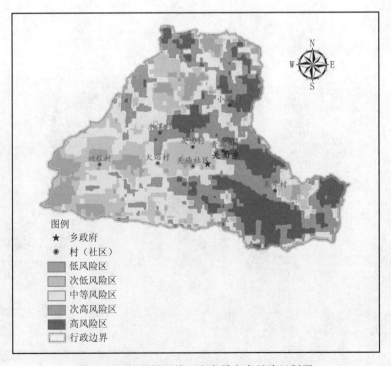

图 3.2.36 开州区关面乡春旱灾害风险区划图

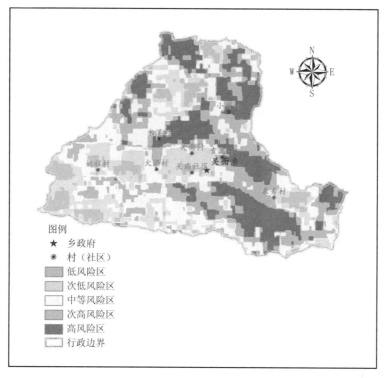

图 3.2.37 开州区关面乡夏旱灾害风险区划图

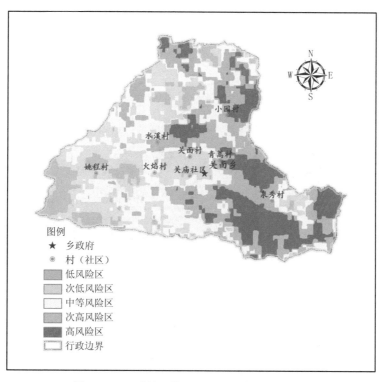

图 3.2.38 开州区关面乡秋旱灾害风险区划图

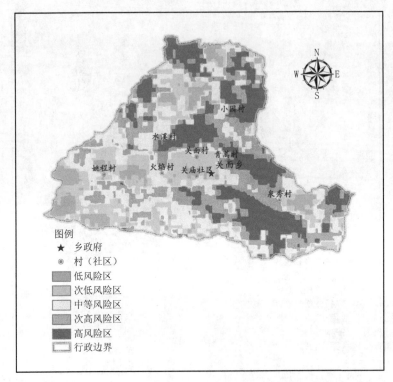

图 3.2.39　开州区关面乡伏旱灾害风险区划图

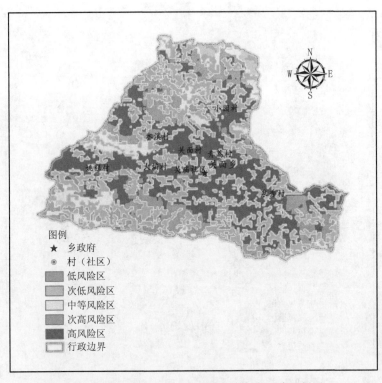

图 3.2.40　开州区关面乡森林火险灾害风险区划图

3.2.9 郭家镇

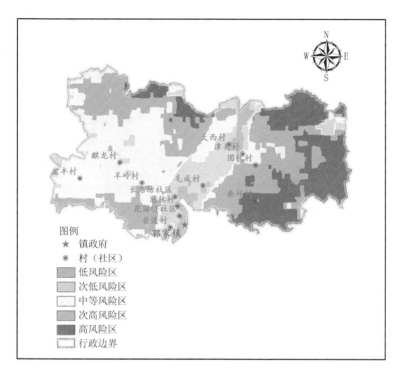

图 3.2.41 开州区郭家镇春旱灾害风险区划图

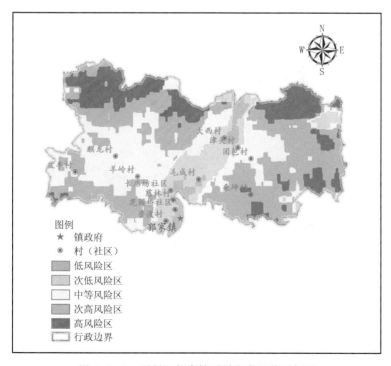

图 3.2.42 开州区郭家镇夏旱灾害风险区划图

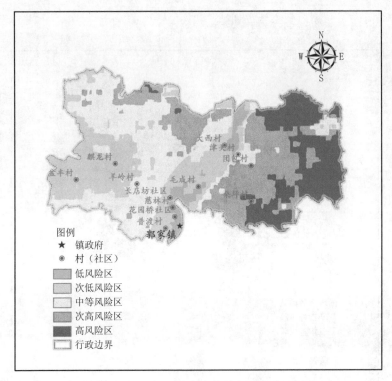

图 3.2.43　开州区郭家镇秋旱灾害风险区划图

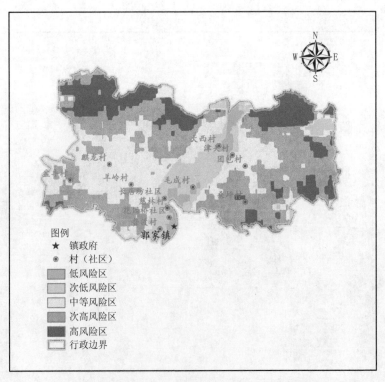

图 3.2.44　开州区郭家镇伏旱灾害风险区划图

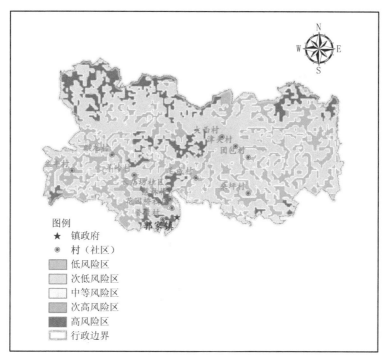

图 3.2.45　开州区郭家镇森林火险灾害风险区划图

3.2.10　汉丰街道

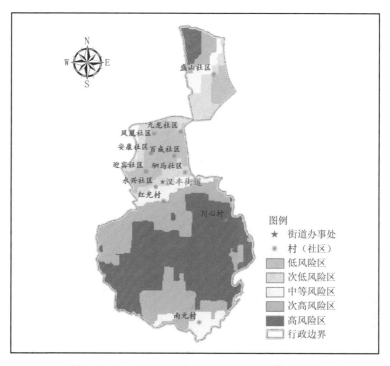

图 3.2.46　开州区汉丰街道春旱灾害风险规划图

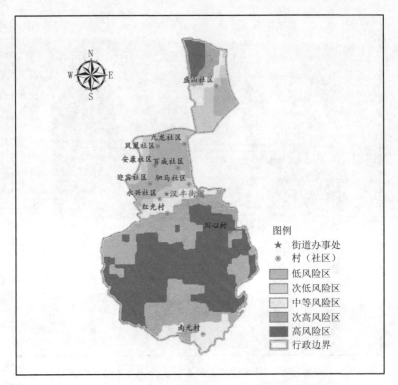

图 3.2.47　开州区汉丰街道夏旱灾害风险规划图

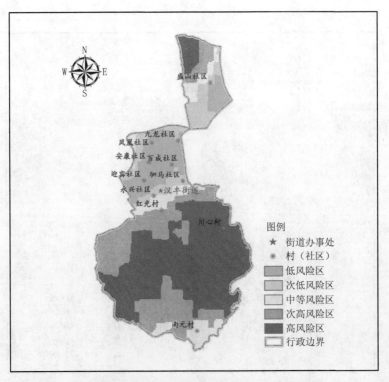

图 3.2.48　开州区汉丰街道秋旱灾害风险规划图

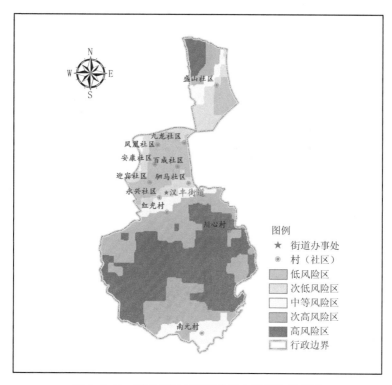

图 3.2.49 开州区汉丰街道伏旱灾害风险规划图

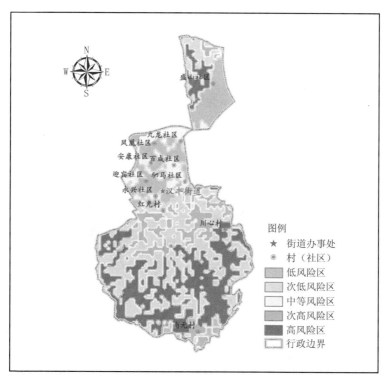

图 3.2.50 开州区汉丰街道森林火险灾害风险规划图

3.2.11 和谦镇

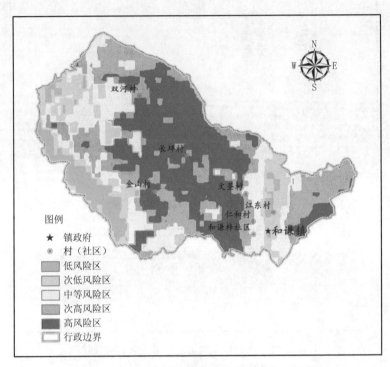

图 3.2.51 开州区和谦镇春旱灾害风险区划图

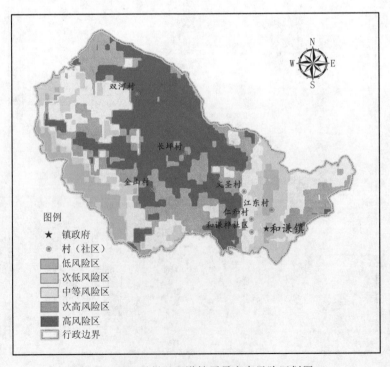

图 3.2.52 开州区和谦镇夏旱灾害风险区划图

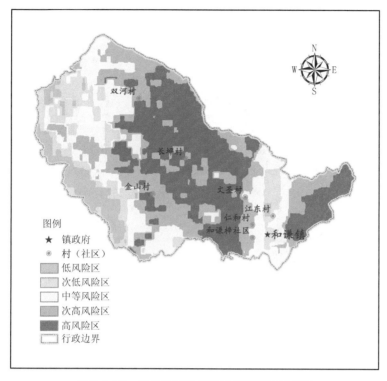

图 3.2.53 开州区和谦镇秋旱灾害风险区划图

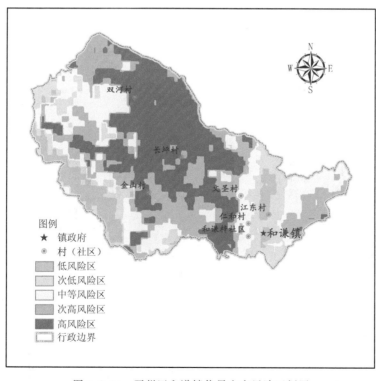

图 3.2.54 开州区和谦镇伏旱灾害风险区划图

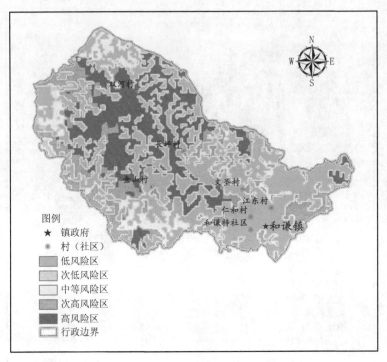

图 3.2.55 开州区和谦镇森林火险灾害风险区划图

3.2.12 河堰镇

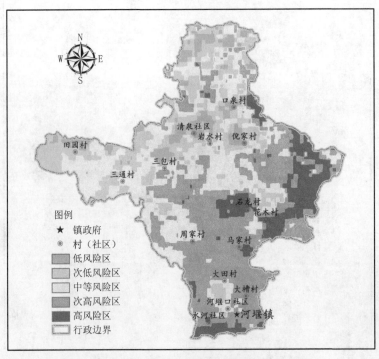

图 3.2.56 开州区河堰镇春旱灾害风险区划图

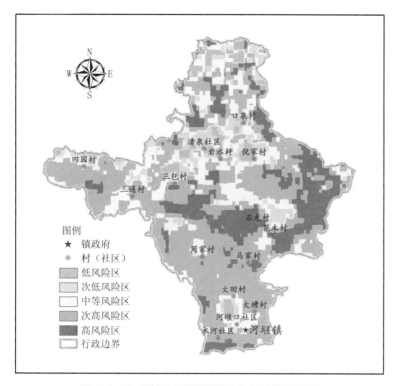

图 3.2.57 开州区河堰镇夏旱灾害风险区划图

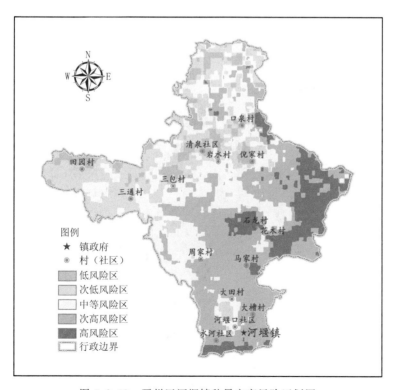

图 3.2.58 开州区河堰镇秋旱灾害风险区划图

图 3.2.59 开州区河堰镇伏旱灾害风险区划图

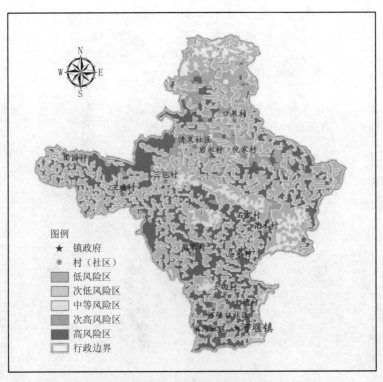

图 3.2.60 开州区河堰镇森林火险灾害风险区划图

3.2.13 厚坝镇

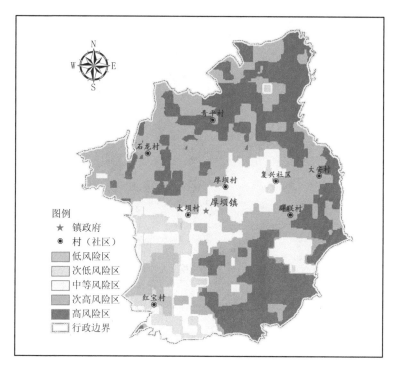

图 3.2.61 开州区厚坝镇春旱灾害风险区划图

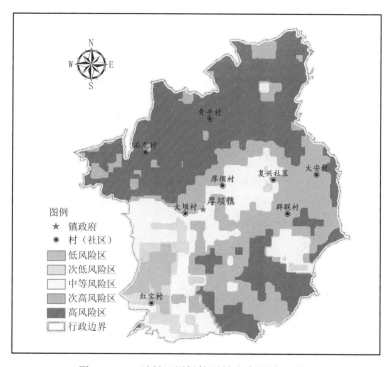

图 3.2.62 开州区厚坝镇夏旱灾害风险区划图

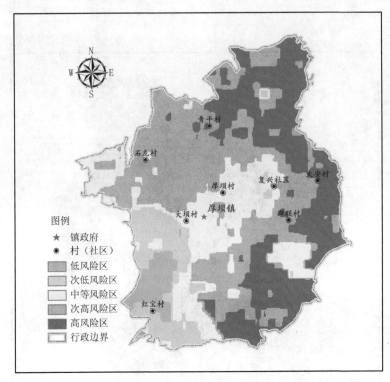

图 3.2.63 开州区厚坝镇秋旱灾害风险区划图

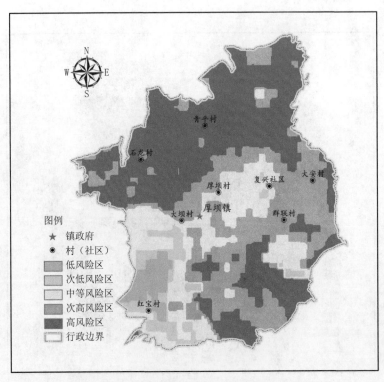

图 3.2.64 开州区厚坝镇伏旱灾害风险区划图

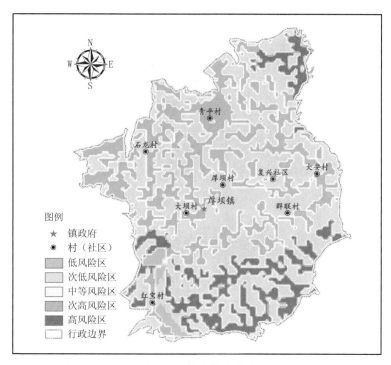

图 3.2.65　开州区厚坝镇森林火险灾害风险区划图

3.2.14　金峰镇

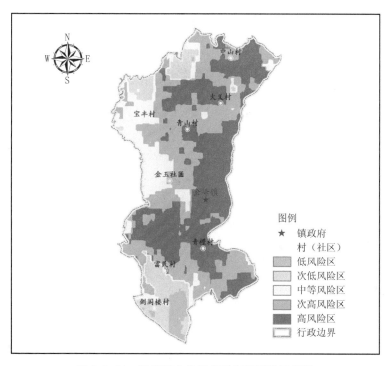

图 3.2.66　开州区金峰镇春旱灾害风险区划图

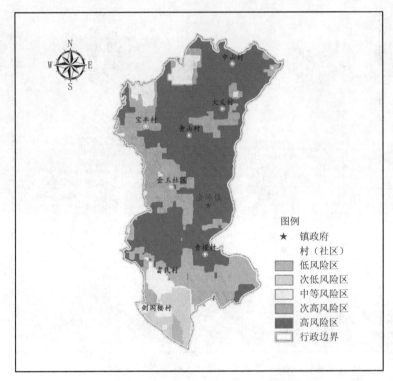

图 3.2.67　开州区金峰镇夏旱灾害风险区划图

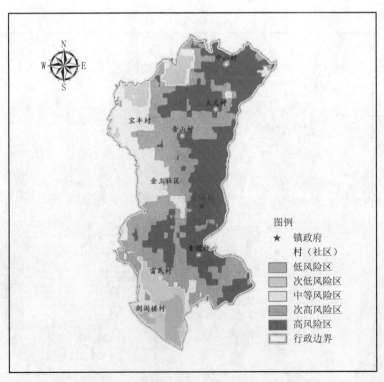

图 3.2.68　开州区金峰镇秋旱灾害风险区划图

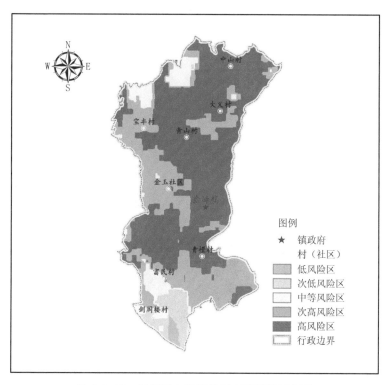

图 3.2.69 开州区金峰镇伏旱灾害风险区划图

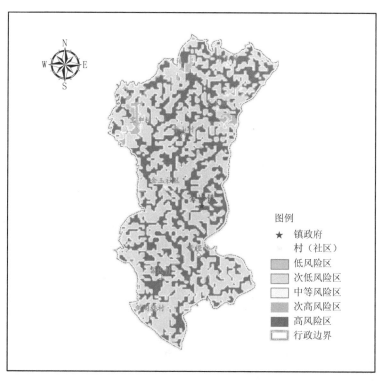

图 3.2.70 开州区金峰镇森林火险灾害风险区划图

3.2.15 九龙山镇

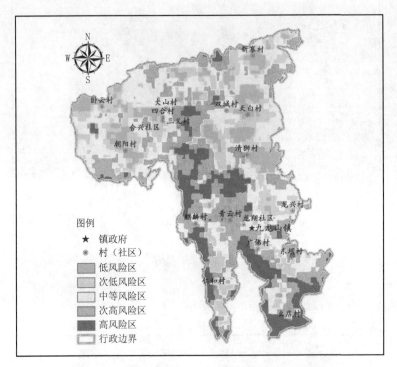

图 3.2.71 开州区九龙山镇春旱灾害风险区划图

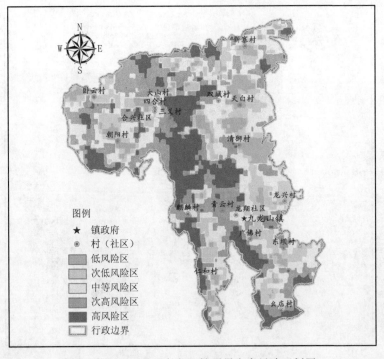

图 3.2.72 开州区九龙山镇夏旱灾害风险区划图

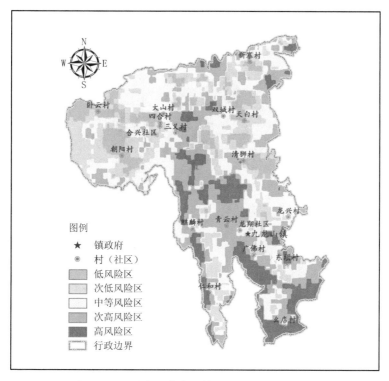

图 3.2.73 开州区九龙山镇秋旱灾害风险区划图

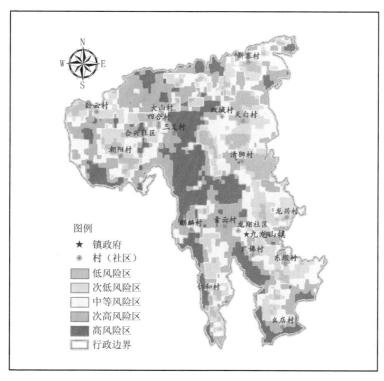

图 3.2.74 开州区九龙山镇伏旱灾害风险区划图

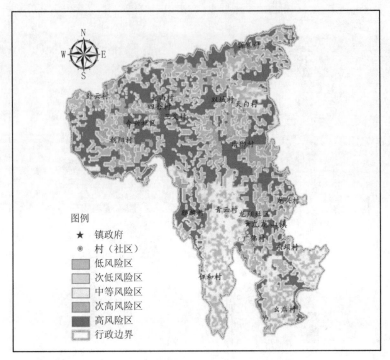

图 3.2.75 开州区九龙山镇森林火险灾害风险区划图

3.2.16 临江镇

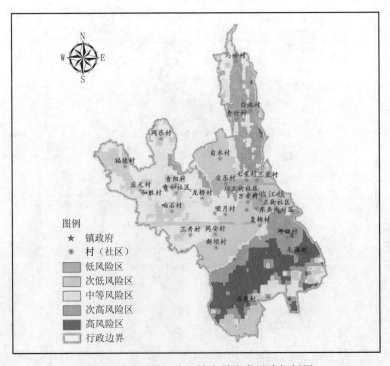

图 3.2.76 开州区临江镇春旱灾害风险规划图

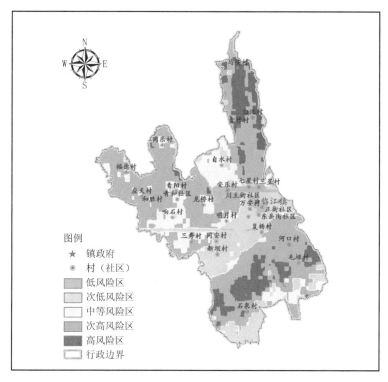

图 3.2.77　开州区临江镇夏旱灾害风险规划图

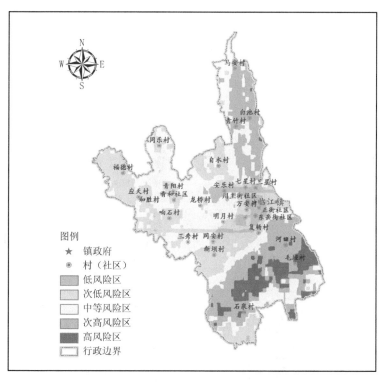

图 3.2.78　开州区临江镇秋旱灾害风险区划图

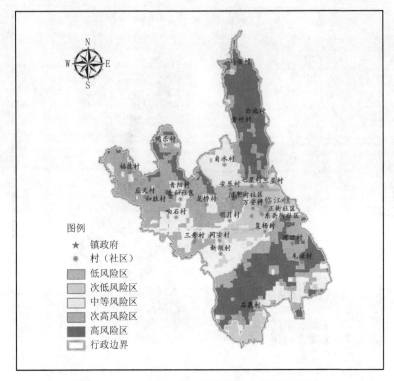

图 3.2.79　开州区临江镇伏旱灾害风险规划图

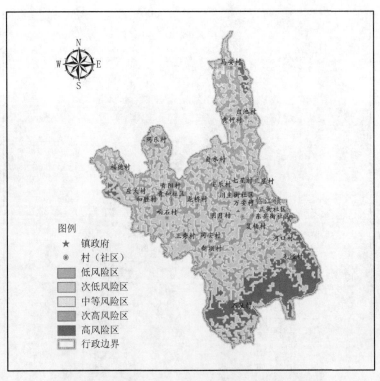

图 3.2.80　开州区临江镇森林火险灾害风险规划图

3.2.17 麻柳乡

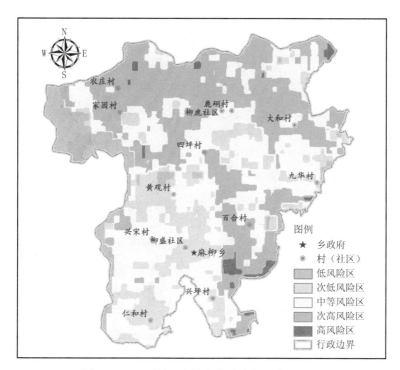

图 3.2.81 开州区麻柳乡春旱灾害风险区划图

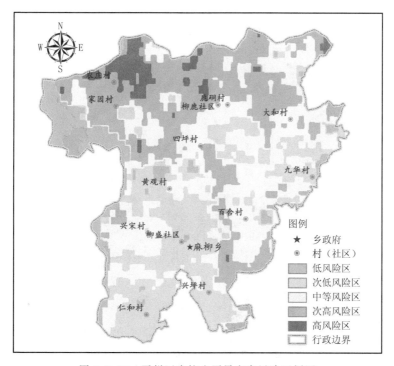

图 3.2.82 开州区麻柳乡夏旱灾害风险区划图

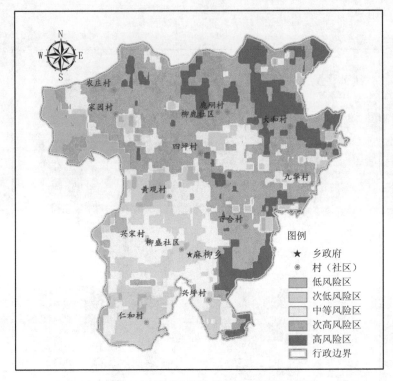

图 3.2.83　开州区麻柳乡秋旱灾害风险区划图

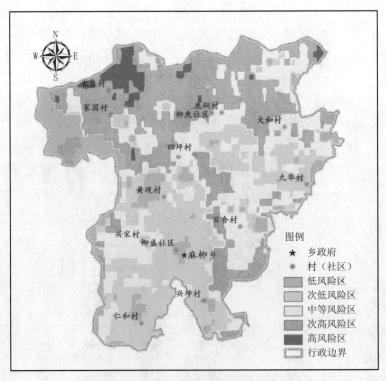

图 3.2.84　开州区麻柳乡伏旱灾害风险区划图

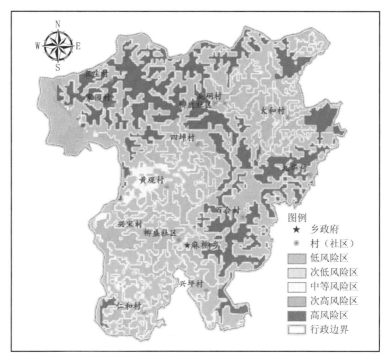

图 3.2.85 开州区麻柳乡森林火险灾害风险区划图

3.2.18 满月镇

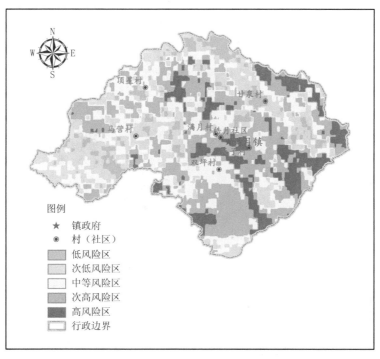

图 3.2.86 开州区满月镇春旱灾害风险区划图

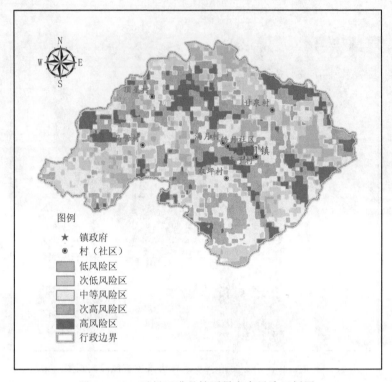

图 3.2.87　开州区满月镇夏旱灾害风险区划图

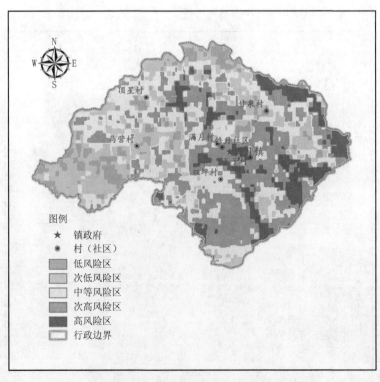

图 3.2.88　开州区满月镇秋旱灾害风险区划图

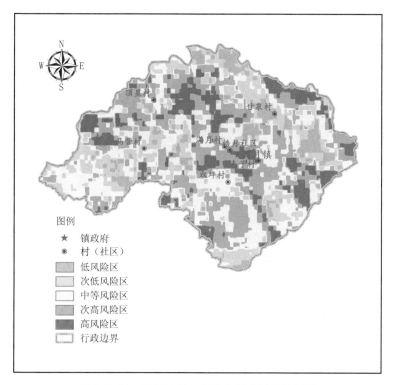

图 3.2.89　开州区满月镇伏旱灾害风险区划图

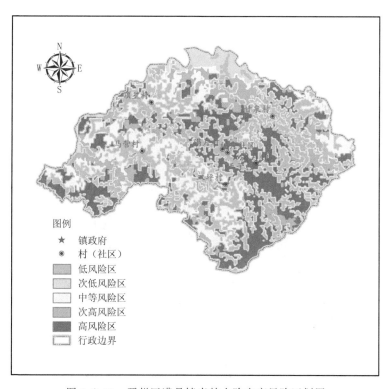

图 3.2.90　开州区满月镇森林火险灾害风险区划图

3.2.19 南门镇

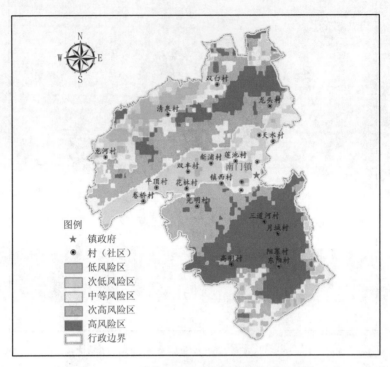

图 3.2.91　开州区南门镇春旱灾害风险区划图

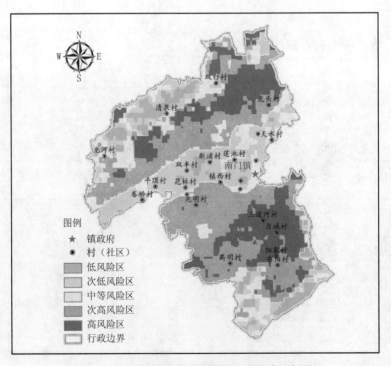

图 3.2.92　开州区南门镇夏旱灾害风险区划图

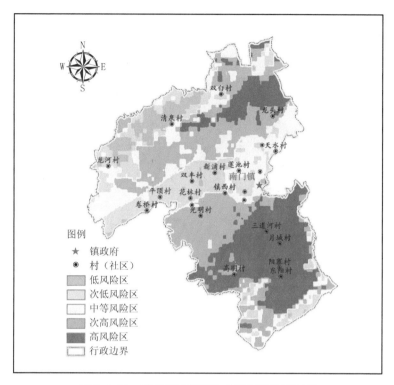

图 3.2.93 开州区南门镇秋旱灾害风险区划图

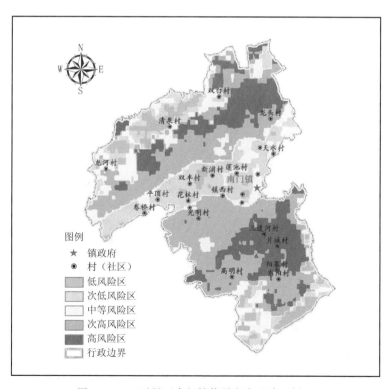

图 3.2.94 开州区南门镇伏旱灾害风险区划图

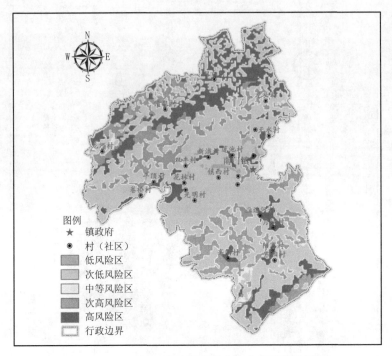

图 3.2.95　开州区南门镇森林火险灾害风险区划图

3.2.20　南雅镇

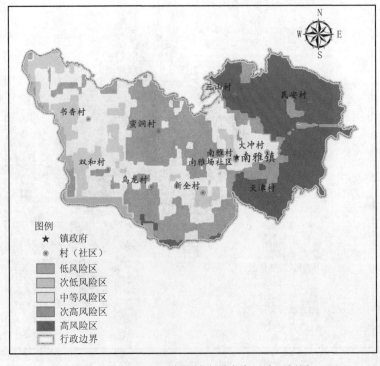

图 3.2.96　开州区南雅镇春旱灾害风险区划图

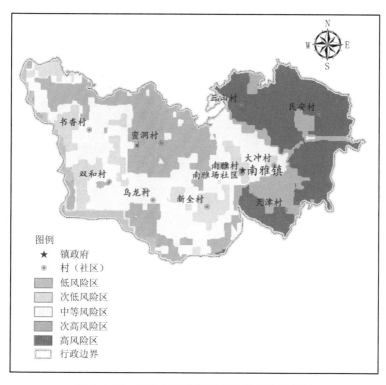

图 3.2.97 开州区南雅镇夏旱灾害风险区划图

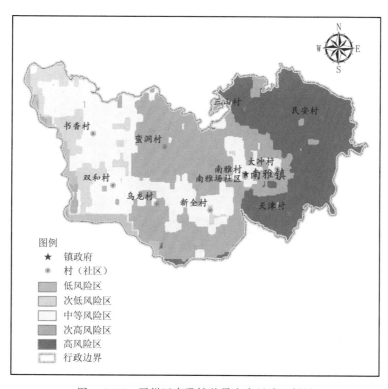

图 3.2.98 开州区南雅镇秋旱灾害风险区划图

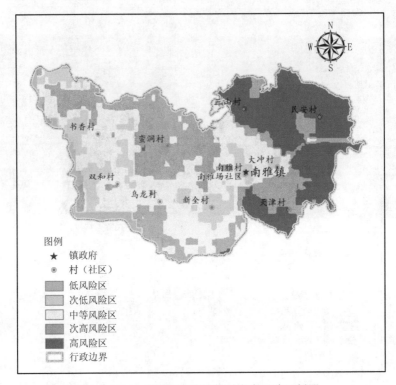

图 3.2.99　开州区南雅镇伏旱灾害风险区划图

图 3.2.100　开州区南雅镇森林火险灾害风险区划图

3.2.21 渠口镇

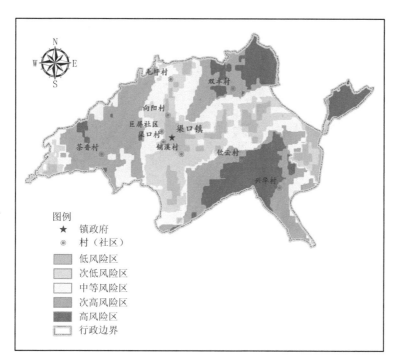

图 3.2.101 开州区渠口镇春旱灾害风险区划图

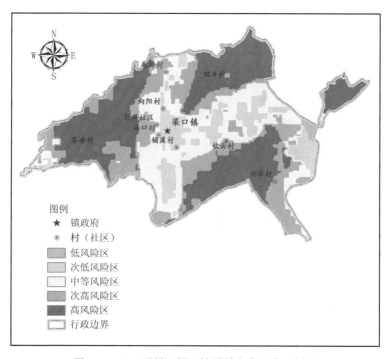

图 3.2.102 开州区渠口镇夏旱灾害风险区划图

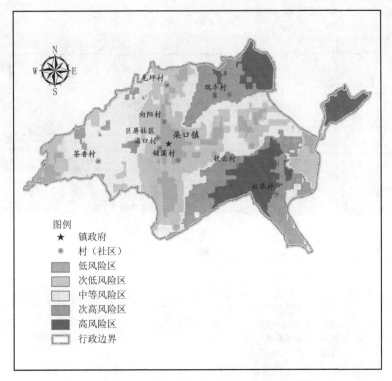

图 3.2.103　开州区渠口镇秋旱灾害风险区划图

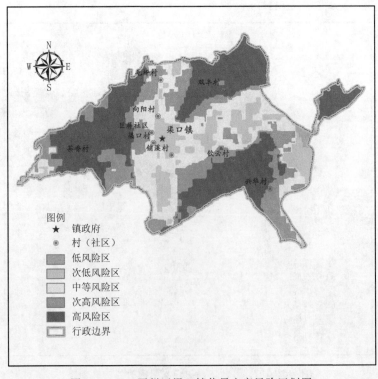

图 3.2.104　开州区渠口镇伏旱灾害风险区划图

图 3.2.105　开州区渠口镇森林火险灾害风险区划图

3.2.22　三汇口乡

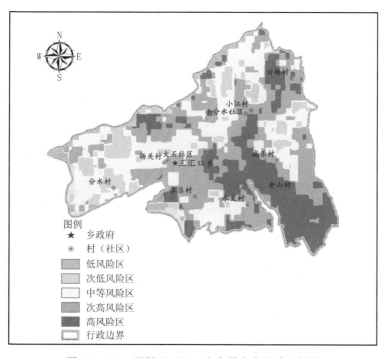

图 3.2.106　开州区三汇口乡春旱灾害风险区划图

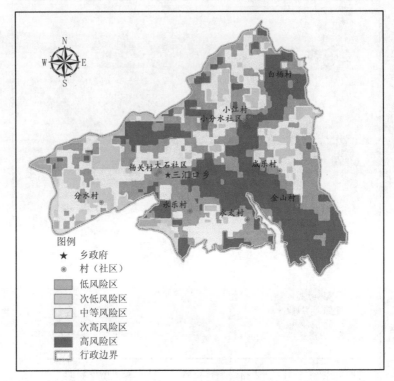

图 3.2.107　开州区三汇口乡夏旱灾害风险区划图

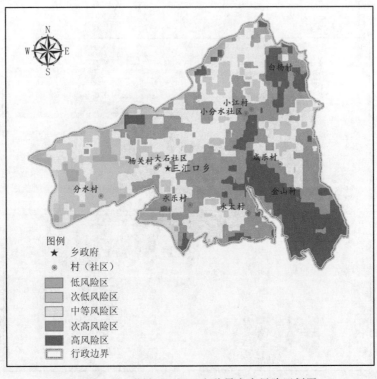

图 3.2.108　开州区三汇口乡秋旱灾害风险区划图

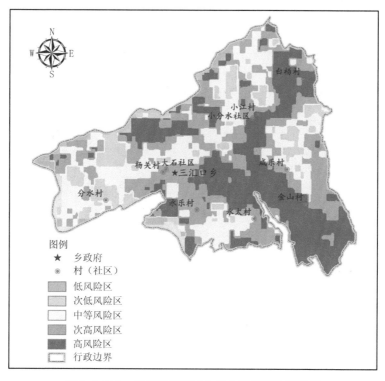

图 3.2.109　开州区三汇口乡伏旱灾害风险区划图

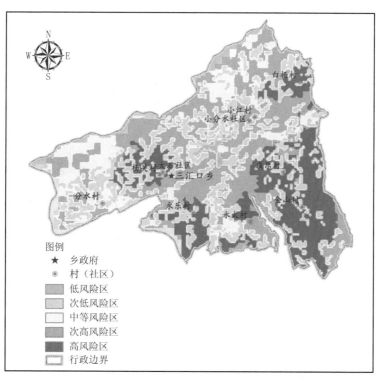

图 3.2.110　开州区三汇口乡森林火险灾害风险区划图

3.2.23 谭家镇

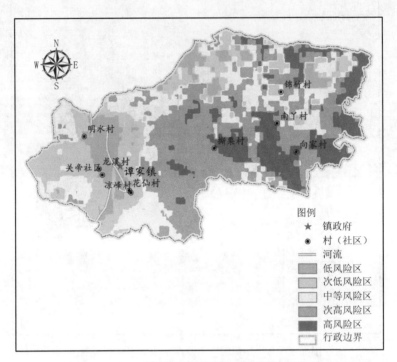

图 3.2.111 开州区谭家镇春旱灾害风险区划图

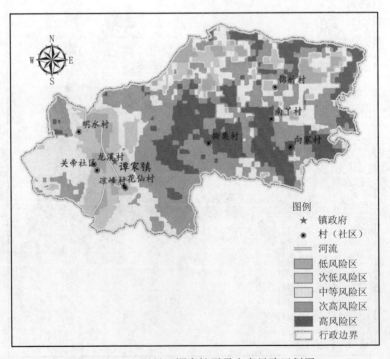

图 3.2.112 开州区谭家镇夏旱灾害风险区划图

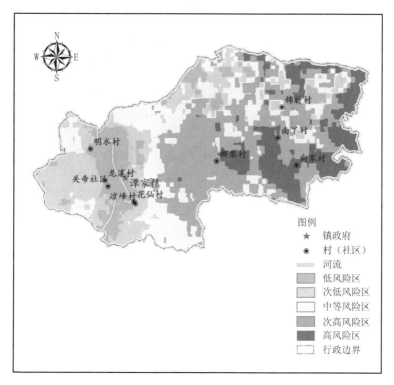

图 3.2.113 开州区谭家镇秋旱灾害风险区划图

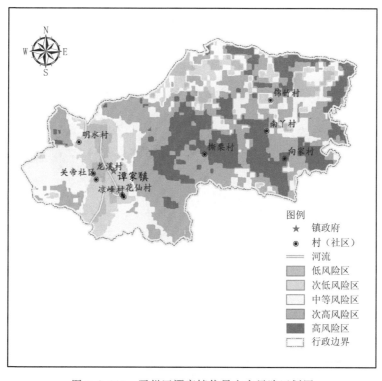

图 3.2.114 开州区谭家镇伏旱灾害风险区划图

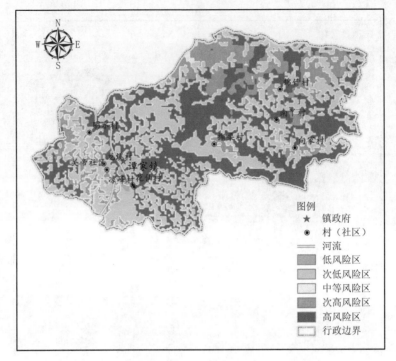

图 3.2.115　开州区谭家镇森林火险灾害风险区划图

3.2.24　天和镇

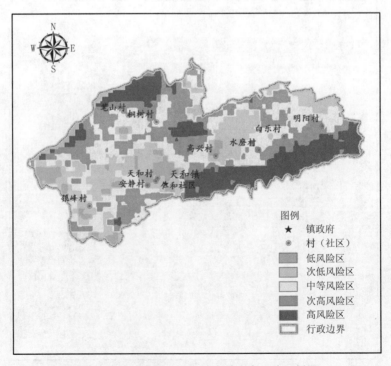

图 3.2.116　开州区天和镇春旱灾害风险区划图

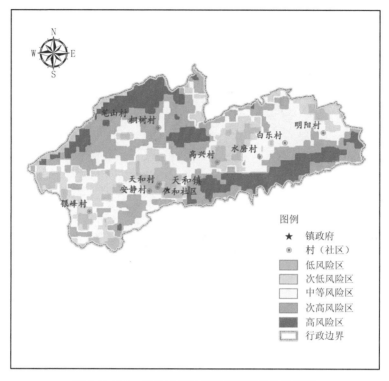

图 3.2.117　开州区天和镇夏旱灾害风险区划图

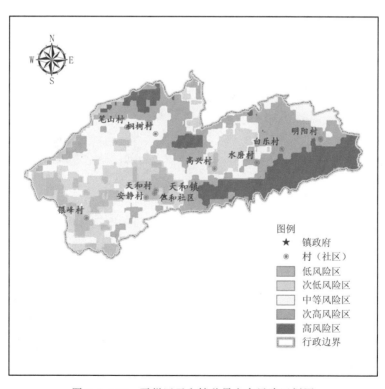

图 3.2.118　开州区天和镇秋旱灾害风险区划图

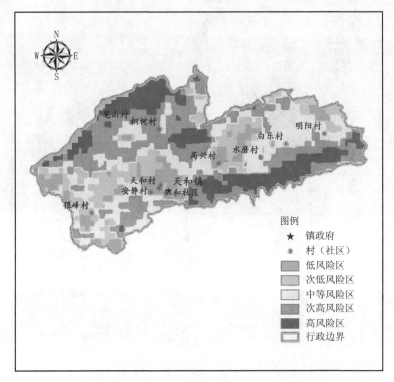

图 3.2.119 开州区天和镇伏旱灾害风险区划图

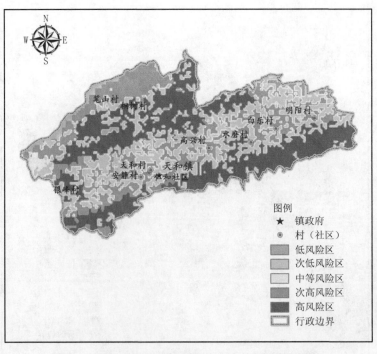

图 3.2.120 开州区天和镇森林火险灾害风险区划图

3.2.25 铁桥镇

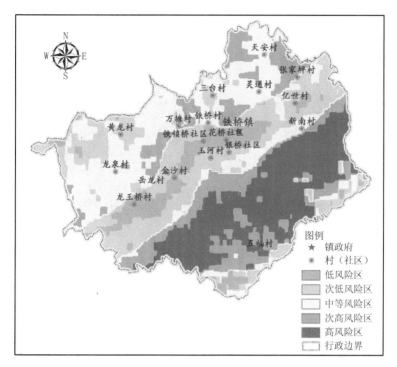

图 3.2.121　开州区铁桥镇春旱灾害风险区划图

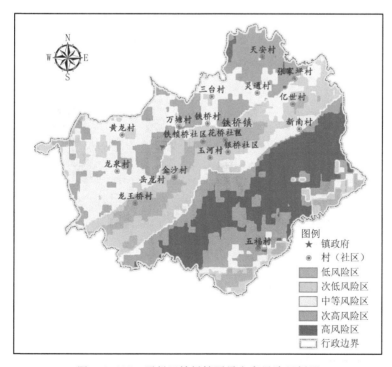

图 3.2.122　开州区铁桥镇夏旱灾害风险区划图

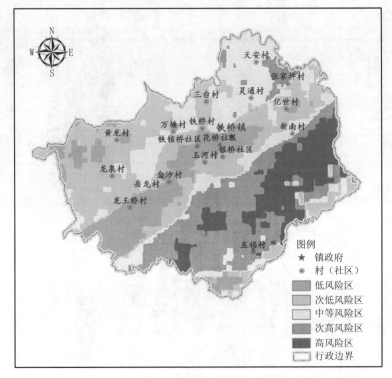

图 3.2.123　开州区铁桥镇秋旱灾害风险区划图

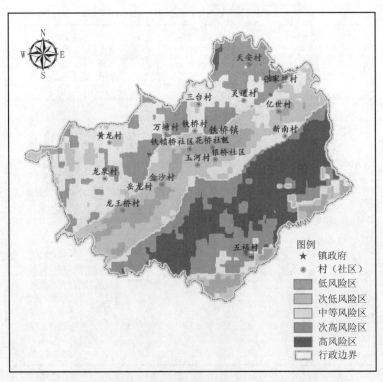

图 3.2.124　开州区铁桥镇伏旱灾害风险区划图

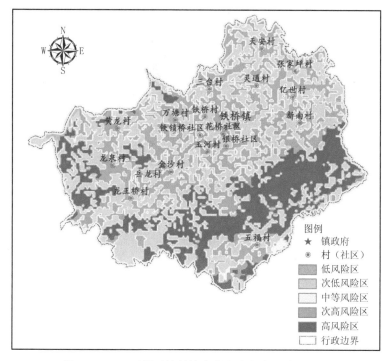

图 3.2.125　开州区铁桥镇森林火险灾害风险区划图

3.2.26　温泉镇

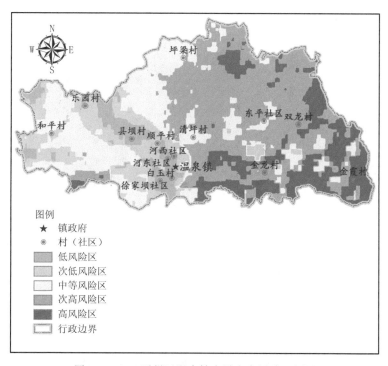

图 3.2.126　开州区温泉镇春旱灾害风险区划图

图 3.2.127　开州区温泉镇夏旱灾害风险区划图

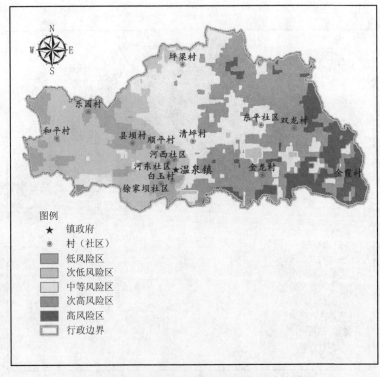

图 3.2.128　开州区温泉镇秋旱灾害风险区划图

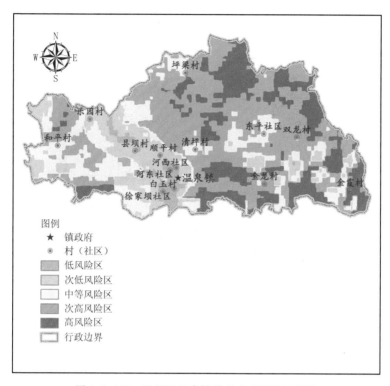

图 3.2.129　开州区温泉镇伏旱灾害风险区划图

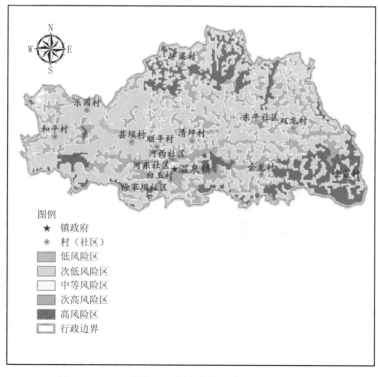

图 3.2.130　开州区温泉镇森林火险灾害风险区划图

3.2.27 文峰街道

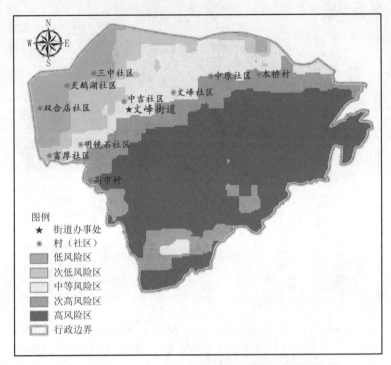

图 3.2.131　开州区文峰街道春旱灾害风险区划图

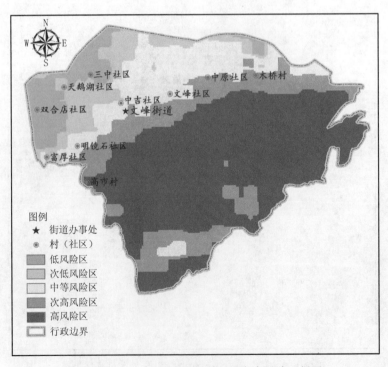

图 3.2.132　开州区文峰街道夏旱灾害风险区划图

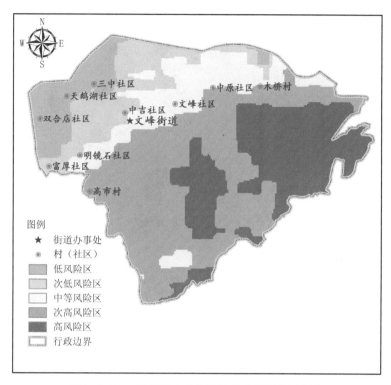

图 3.2.133 开州区文峰街道秋旱灾害风险区划图

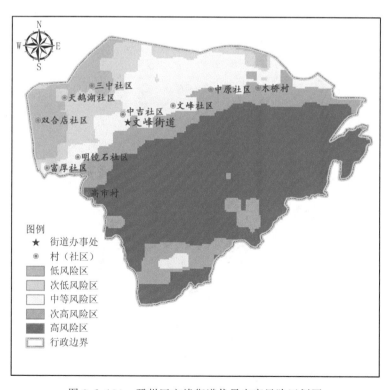

图 3.2.134 开州区文峰街道伏旱灾害风险区划图

图 3.2.135　开州区文峰街道森林火险灾害风险区划图

3.2.28　巫山镇

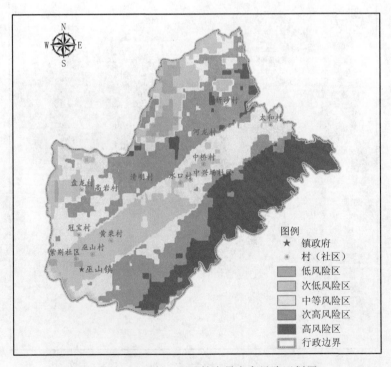

图 3.2.136　开州区巫山镇春旱灾害风险区划图

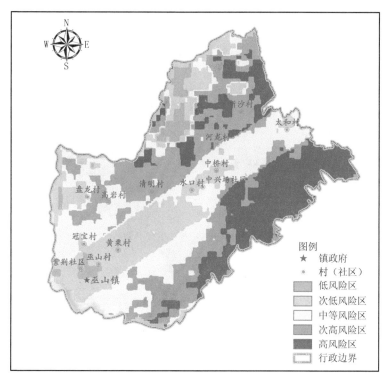

图 3.2.137 开州区巫山镇夏旱灾害风险区划图

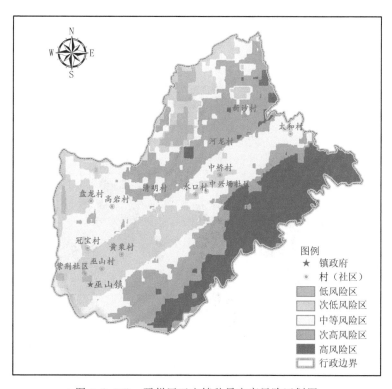

图 3.2.138 开州区巫山镇秋旱灾害风险区划图

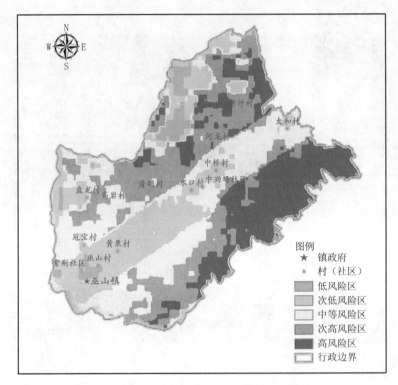

图 3.2.139　开州区巫山镇伏旱灾害风险区划图

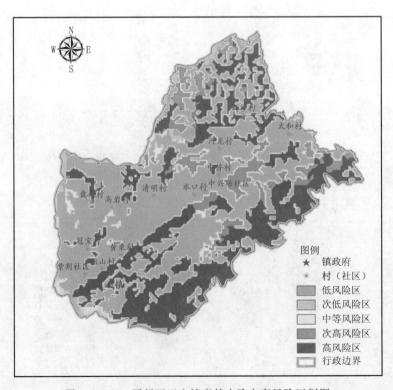

图 3.2.140　开州区巫山镇森林火险灾害风险区划图

3.2.29　五通乡

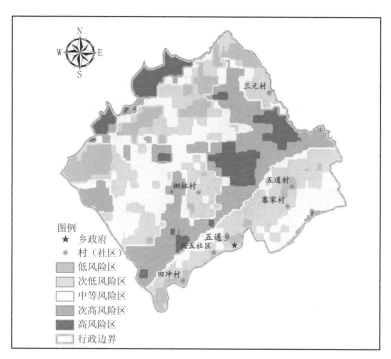

图 3.2.141　开州区五通乡春旱灾害风险区划图

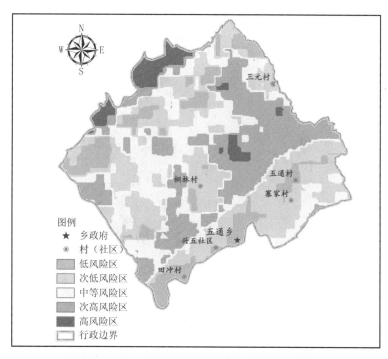

图 3.2.142　开州区五通乡夏旱灾害风险区划图

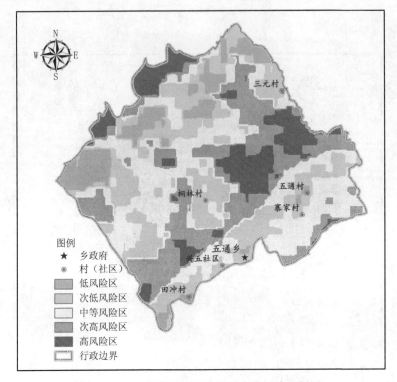

图 3.2.143　开州区五通乡秋旱灾害风险区划图

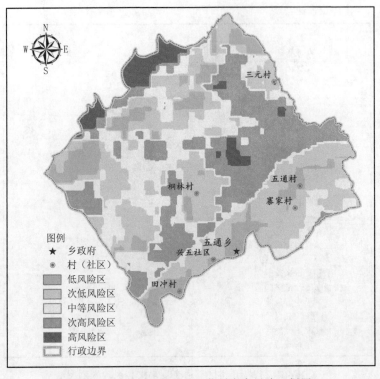

图 3.2.144　开州区五通乡伏旱灾害风险区划图

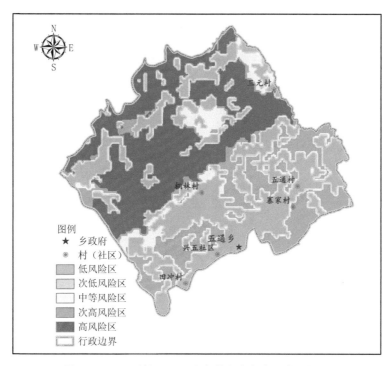

图 3.2.145　开州区五通乡森林火险灾害风险区划图

3.2.30　雪宝山镇

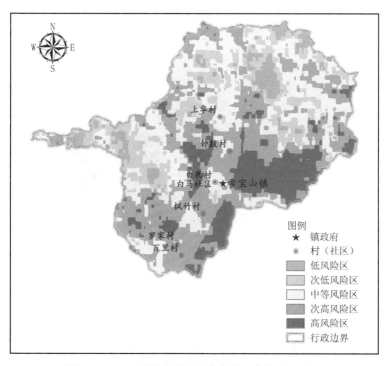

图 3.2.146　开州区雪宝山镇春旱灾害风险区划图

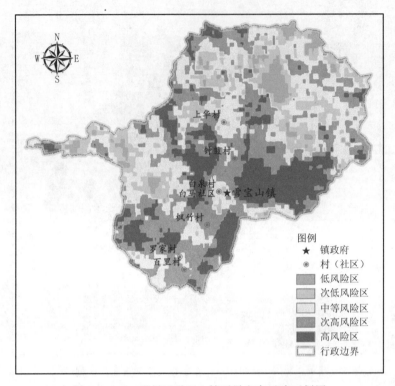

图 3.2.147 开州区雪宝山镇夏旱灾害风险区划图

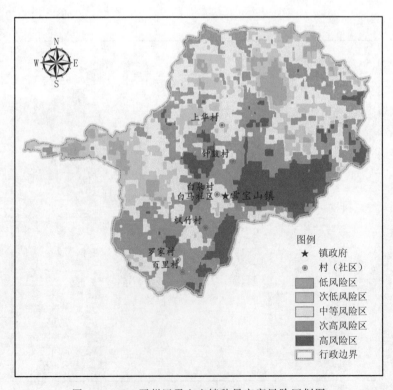

图 3.2.148 开州区雪宝山镇秋旱灾害风险区划图

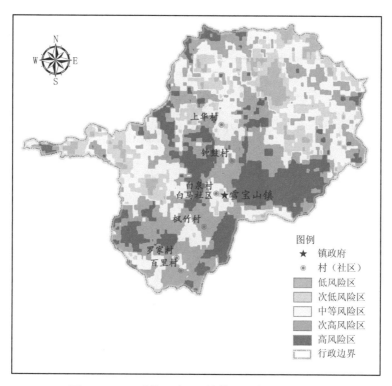

图 3.2.149　开州区雪宝山镇伏旱灾害风险区划图

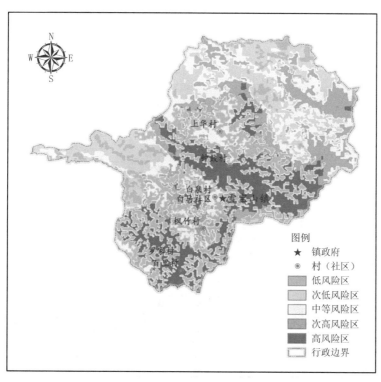

图 3.2.150　开州区雪宝山镇森林火险灾害风险区划图

3.2.31 义和镇

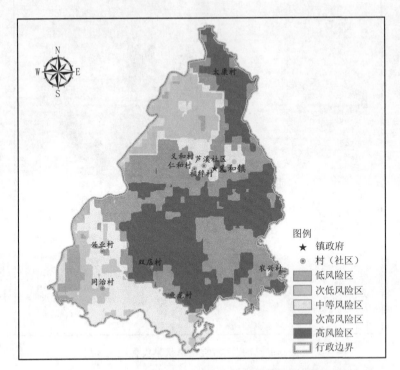

图 3.2.151　开州区义和镇春旱灾害风险区划图

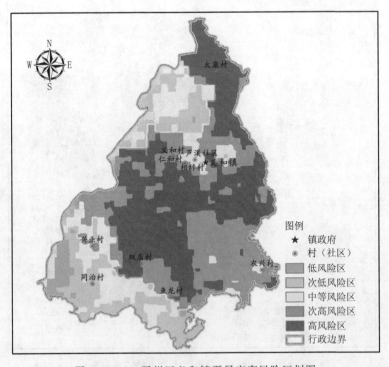

图 3.2.152　开州区义和镇夏旱灾害风险区划图

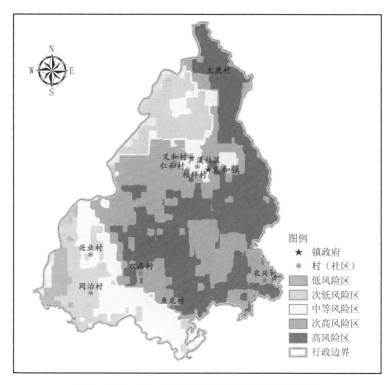

图 3.2.153　开州区义和镇秋旱灾害风险区划图

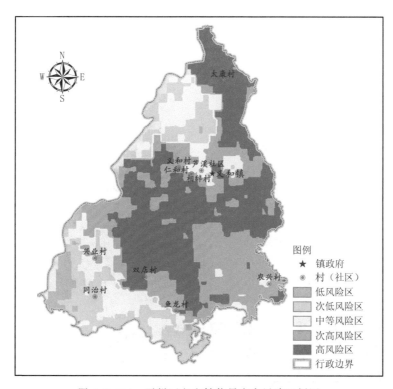

图 3.2.154　开州区义和镇伏旱灾害风险区划图

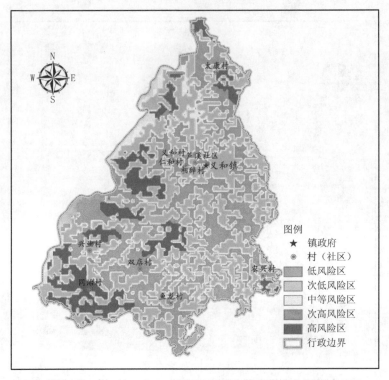

图 3.2.155 开州区义和镇森林火险灾害风险区划图

3.2.32 岳溪镇

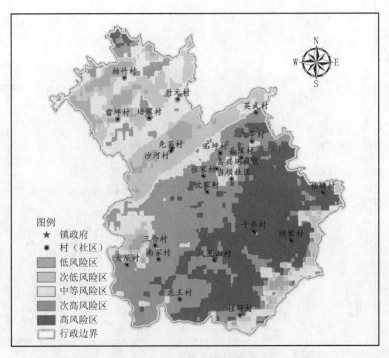

图 3.2.156 开州区岳溪镇春旱灾害风险区划图

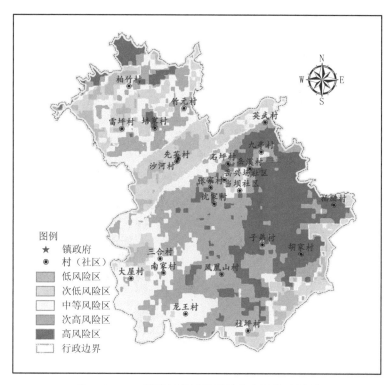

图 3.2.157　开州区岳溪镇夏旱灾害风险区划图

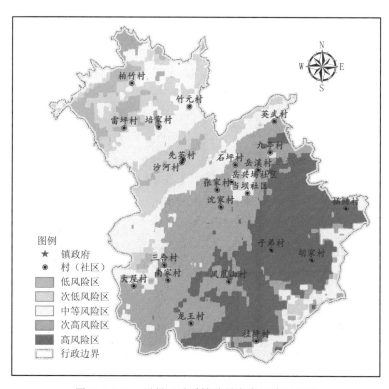

图 3.2.158　开州区岳溪镇秋旱灾害风险区划图

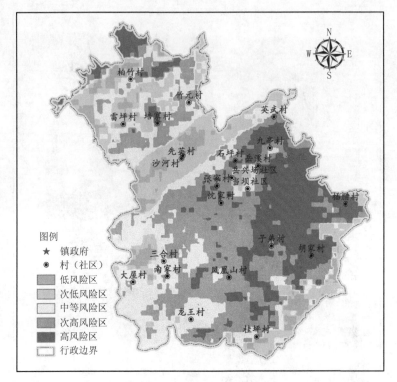

图 3.2.159　开州区岳溪镇伏旱灾害风险区划图

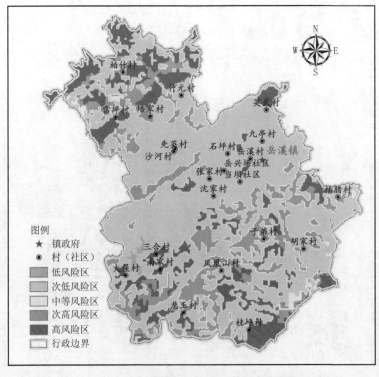

图 3.2.160　开州区岳溪镇森林火险灾害风险区划图

3.2.33　云枫街道

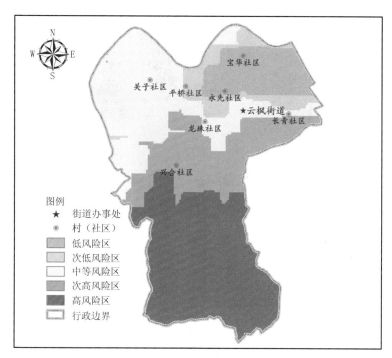

图 3.2.161　开州区云枫街道春旱灾害风险区划图

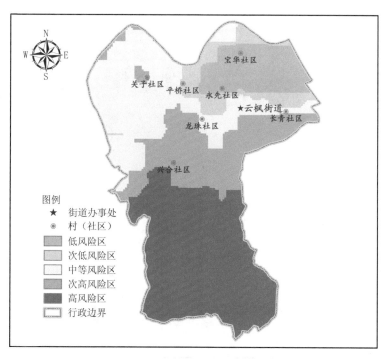

图 3.2.162　开州区云枫街道夏旱灾害风险区划图

重庆市开州区干旱风险区划图集 --

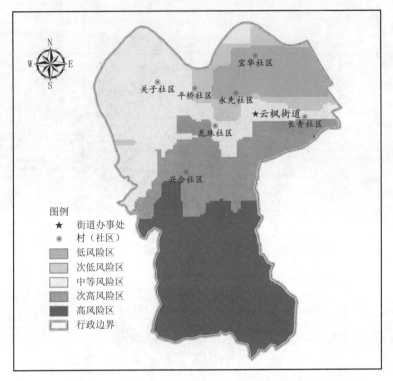

图 3.2.163　开州区云枫街道秋旱灾害风险区划图

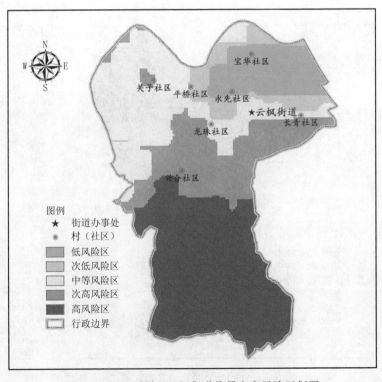

图 3.2.164　开州区云枫街道伏旱灾害风险区划图

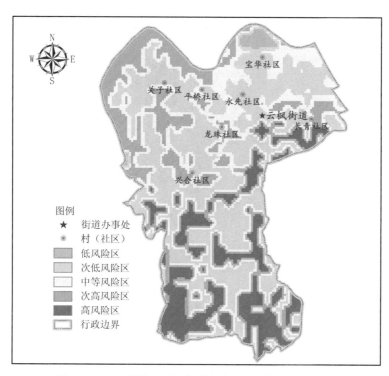

图 3.2.165　开州区云枫街道森林火险灾害风险区划图

3.2.34　长沙镇

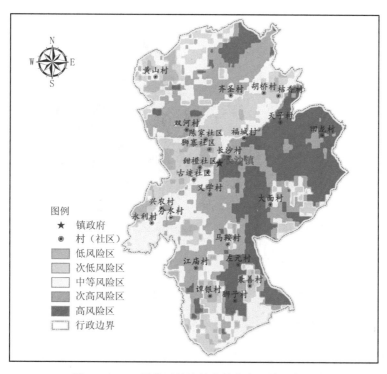

图 3.2.166　开州区长沙镇春旱灾害风险区划图

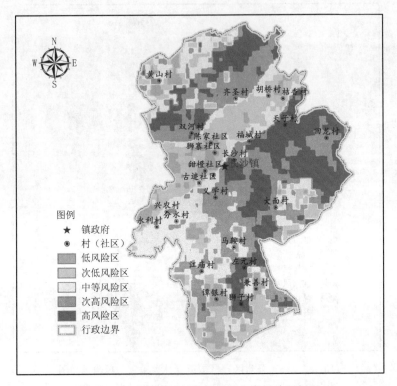

图 3.2.167　开州区长沙镇夏旱灾害风险区划图

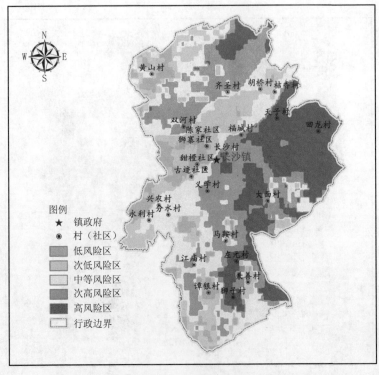

图 3.2.168　开州区长沙镇秋旱灾害风险区划图

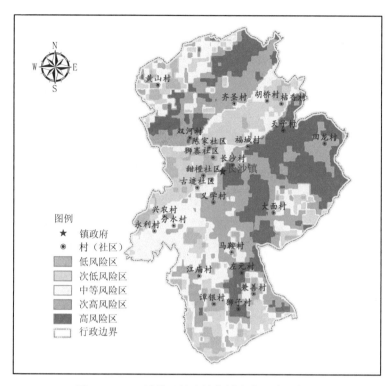

图 3.2.169 开州区长沙镇伏旱灾害风险区划图

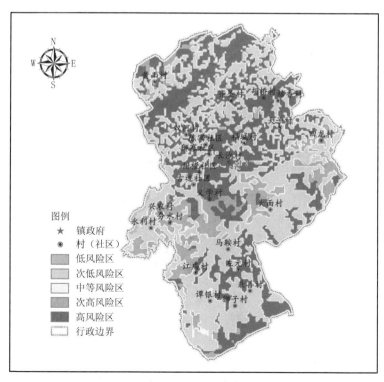

图 3.2.170 开州区长沙镇森林火险灾害风险区划图

3.2.35 赵家街道

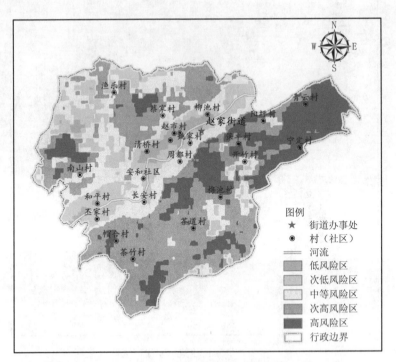

图 3.2.171　开州区赵家街道春旱灾害风险区划图

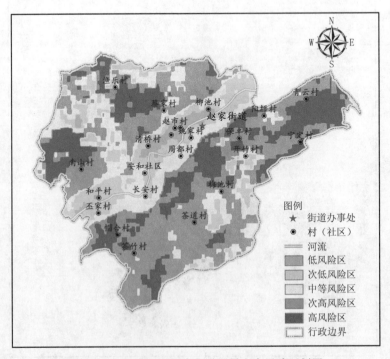

图 3.2.172　开州区赵家街道夏旱灾害风险区划图

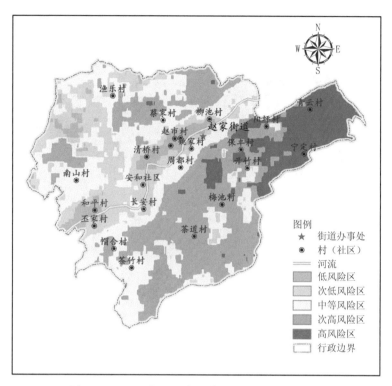

图 3.2.173　开州区赵家街道秋旱灾害风险区划图

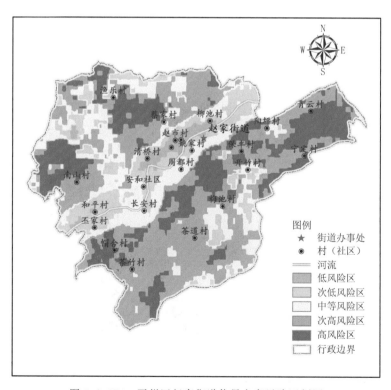

图 3.2.174　开州区赵家街道伏旱灾害风险区划图

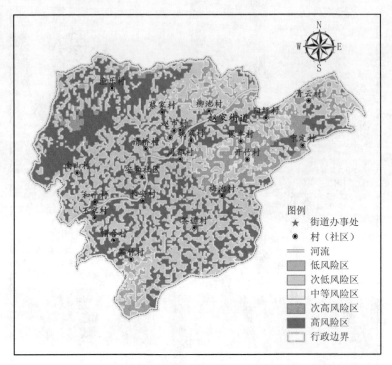

图 3.2.175　开州区赵家街道森林火险灾害风险区划图

3.2.36　镇安镇

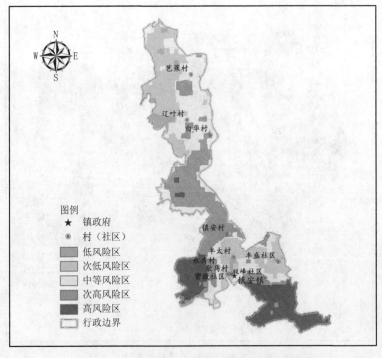

图 3.2.176　开州区镇安镇春旱灾害风险区划图

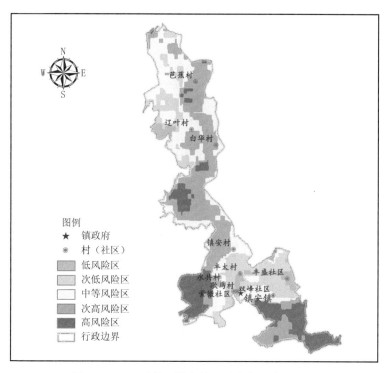

图 3.2.177　开州区镇安镇夏旱灾害风险区划图

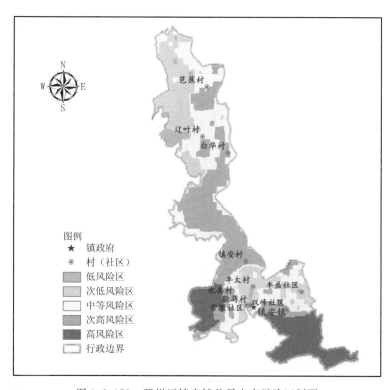

图 3.2.178　开州区镇安镇秋旱灾害风险区划图

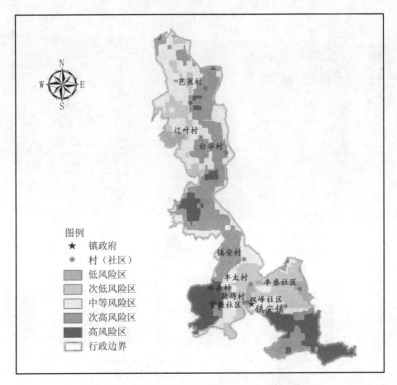

图 3.2.179　开州区镇安镇伏旱灾害风险区划图

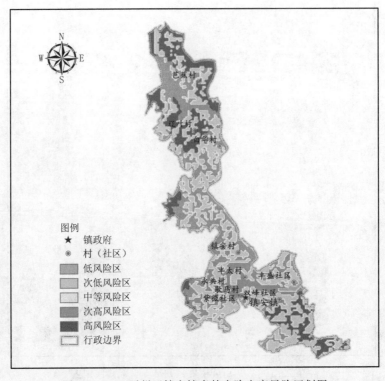

图 3.2.180　开州区镇安镇森林火险灾害风险区划图

3.2.37 镇东街道

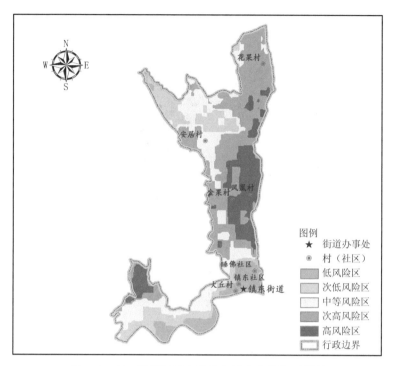

图 3.2.181 开州区镇东街道春旱灾害风险区划图

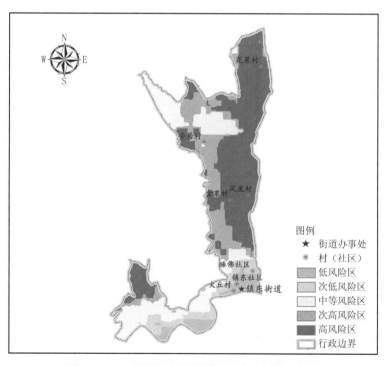

图 3.2.182 开州区镇东街道夏旱灾害风险区划图

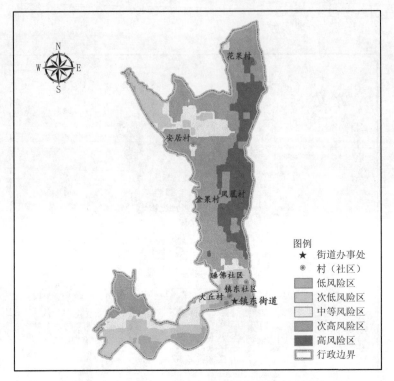

图 3.2.183　开州区镇东街道秋旱灾害风险区划图

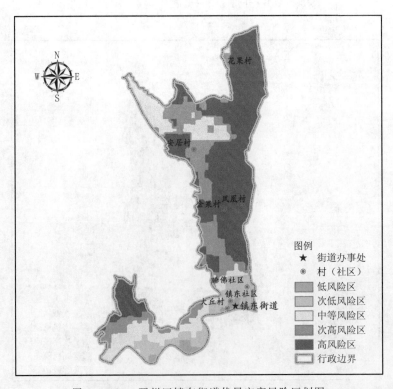

图 3.2.184　开州区镇东街道伏旱灾害风险区划图

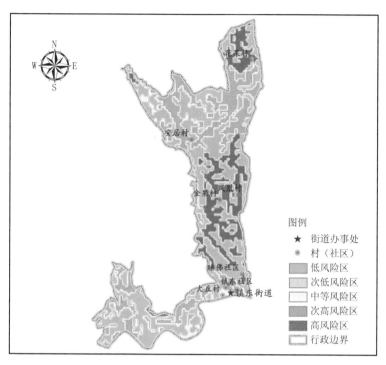

图 3.2.185 开州区镇东街道森林火险灾害风险区划图

3.2.38 中和镇

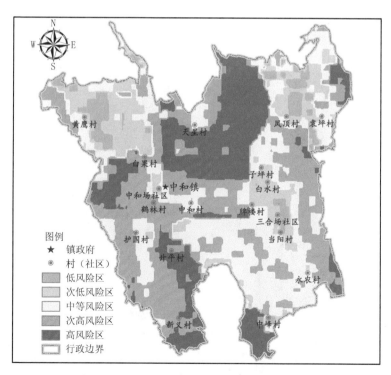

图 3.2.186 开州区中和镇春旱灾害风险规划图

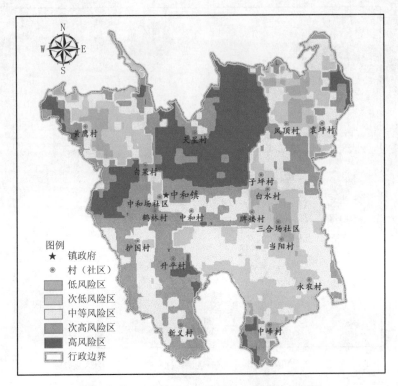

图 3.2.187　开州区中和镇夏旱灾害风险规划图

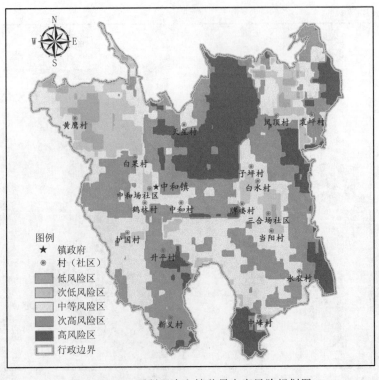

图 3.2.188　开州区中和镇秋旱灾害风险规划图

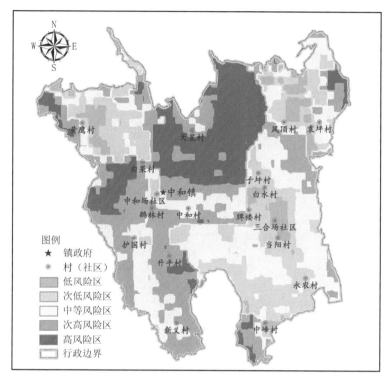

图 3.2.189　开州区中和镇伏旱灾害风险规划图

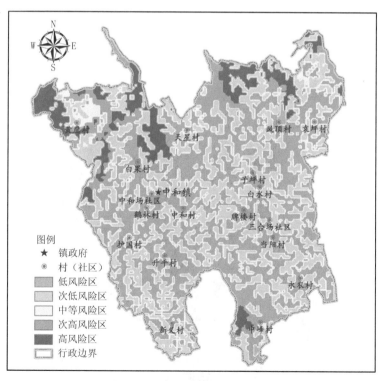

图 3.2.190　开州区中和镇森林火险灾害风险规划图

3.2.39 竹溪镇

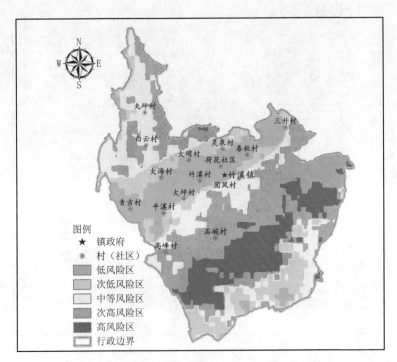

图 3.2.191 开州区竹溪镇春旱灾害风险区划图

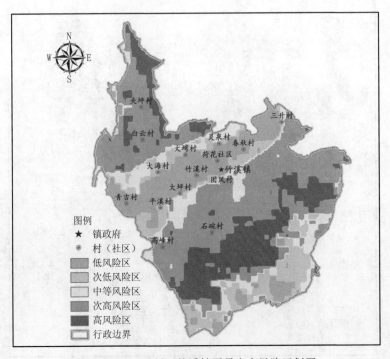

图 3.2.192 开州区竹溪镇夏旱灾害风险区划图

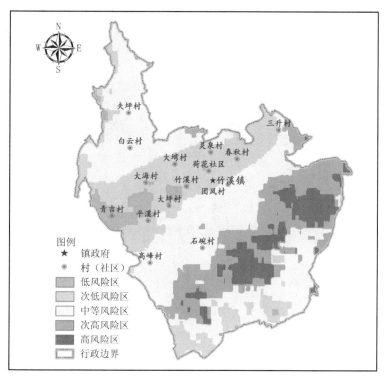

图 3.2.193 开州区竹溪镇秋旱灾害风险区划图

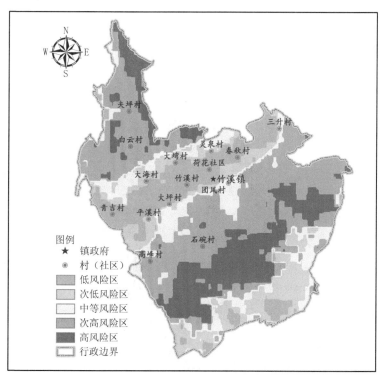

图 3.2.194 开州区竹溪镇伏旱灾害风险区划图

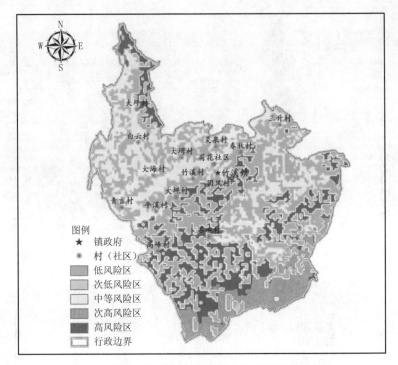

图 3.2.195　开州区竹溪镇森林火险灾害风险区划图

3.2.40　紫水乡

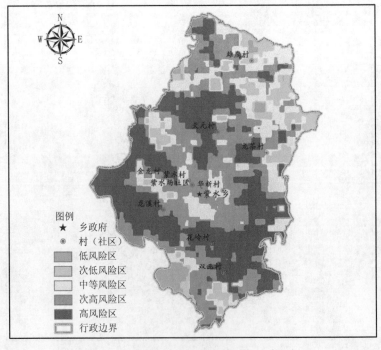

图 3.2.196　开州区紫水乡春旱灾害风险区划图

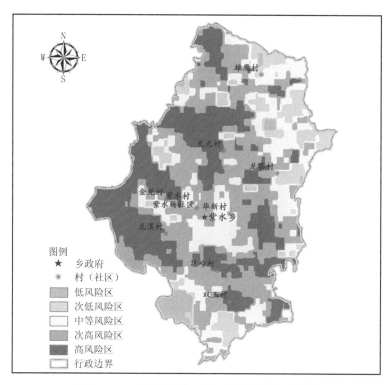

图 3.2.197 开州区紫水乡夏旱灾害风险区划图

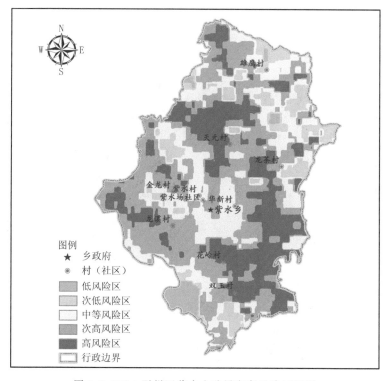

图 3.2.198 开州区紫水乡秋旱灾害风险区划图

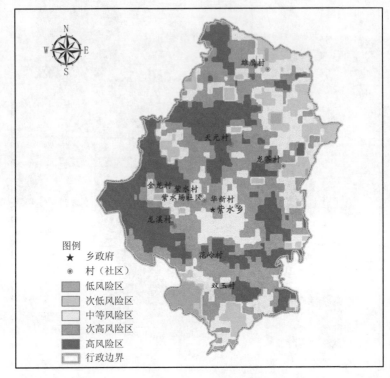

图 3.2.199　开州区紫水乡伏旱灾害风险区划图

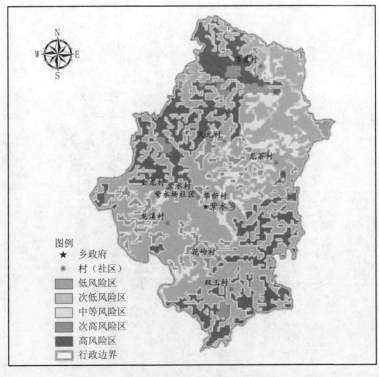

图 3.2.200　开州区紫水乡森林火险灾害风险区划图